Christin-Désirée Rudolph

READY SET GO

Für Jan
Chevalier du Serval

Christin-Désirée Rudolph

READY SET GO

Die Fallschirmjäger der Bundeswehr

Motor buch Verlag

Geschichte

Eine Vision erobert die Welt – Wie der Fallschirm schweben lernte

Kontinente und Gewässer waren schon über Jahrtausende von Menschen erobert worden; doch der Himmel schien lange unerreichbar. Der Traum vom Fliegen oder davon, zumindest durch die Lüfte hinabzuschweben, trieb unsere Vorfahren erst relativ spät in ihrer Entstehungsgeschichte zu kühnen Zeichnungen und Experimenten an. Dem Ingenieursgeist des 15. Jahrhunderts gelang es dann endlich, die Idee vom Fallschirm aufs Papier zu bannen.

Die älteste bekannte Darstellung eines konischen Fallschirms entstand um 1470 in Italien. Der Zeichner ist unbekannt. *(Foto: Britisches Museum, London)*

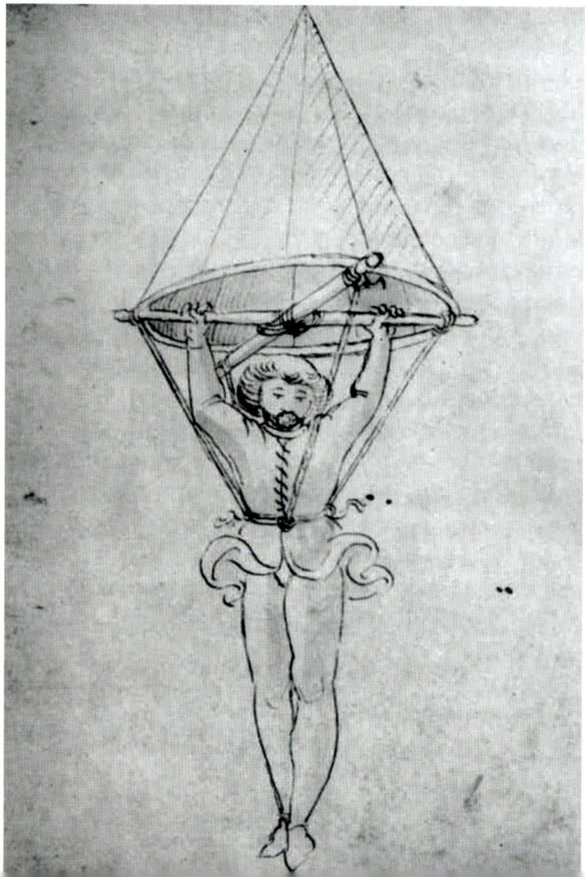

Im Jahr 1483 brachte der Genius Leonardo aus Vinci skizzenhaft seine Vorstellungen von einem pyramidenförmigen Fallschirm zu Papier, doch die bis heute älteste bekannte Darstellung eines konischen Fallschirms war bereits 13 Jahre zuvor entstanden – ebenfalls in Italien, allerdings unbekannten Ursprungs.

Leonardo, Sohn eines einflussreichen Notars, zu dessen Klienten selbst die Medici zählten, konnte es sich finanziell erlauben, seine multiplen Fähigkeiten als Maler, Musiker, Bildhauer, Architekt, Mechaniker, Anatom, Naturphilosoph und Ingenieur auszuleben. In der zuletzt aufgeführten Position notierte er am Rand seiner Zeichnungen überzeugt: »Wenn ein Mann mit beschichtetem Leintuch von einer Länge von 12 lardas (1 yard = 3 Fuß = 0,9144 Meter) auf jeder Seite und 12 larda hoch versehen ist, so kann er aus jeglicher großen Höhe springen, ohne Verletzung.« Erstaunlich mutet die Tatsache an, dass auch der

Leonardo da Vinci und seine Visionen. Gemälde von Gerhard Sousmark. *(Foto: Flymuseum, Stauning/Dänemark)*

asiatische Kontinent fast im selben Zeitalter, zu Beginn des 14. Jahrhunderts, das Höhenspringen mit Schirmen entdeckte. In China stürzten sich waghalsige Zirkusartisten im Rahmen der Inthronisierungsfeierlichkeiten für ihren Kaiser mit Sonnenschirmen von hohen Türmen und gelten seither als erste »Schirmspringer« der Weltgeschichte. Ob sie dieses Kunststück mit dem Leben bezahlten, darüber schwiegen sich die Geschichtsschreiber allerdings aus.
Türme lockten die frühen Fallschirmaktivisten mit der Anziehungskraft eines Magneten auf ihre hohen Plateaus. 1597 starrte eine aufgebrachte Menschenmenge auf dem Marktplatz von Pressburg zu einem 87 Meter hohen Glockenturm, von welchem der vom Balkan stammende Venezianer Fausto Veranzio als erster Mensch mit seinem Fallschirm in die Tiefe sprang. In Montpellier musste der Turm eines Observatoriums für den Franzosen Sébastian Lenormand herhalten, der 1783 mit seinem selbstkonstruierten Fallschirm aus Seide und Gummibeschichtung nach unten schwebte.
Bald darauf lösten Ballone die Türme als Sprungbasen ab. Durch den von den Gebrüdern Joseph und Jaques Montgolfier erfundenen Heißluftballon war es möglich geworden, aus der Luft abzuspringen.

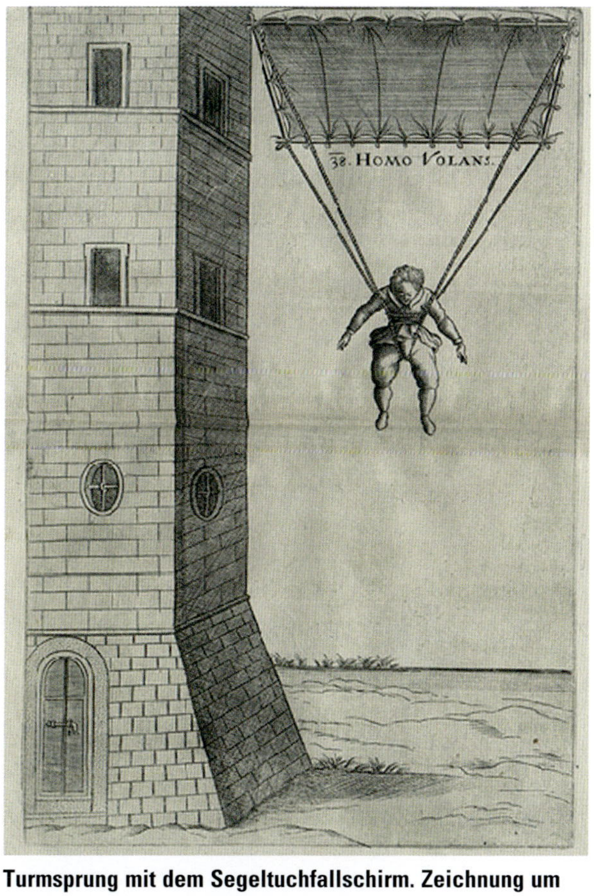

Turmsprung mit dem Segeltuchfallschirm. Zeichnung um 1615, aus dem Traktat Machinae Novae.
(Foto: Deutsches Museum, München)

Die Montgolfiére, eine ideale Fallschirmsprungbasis. Der erste Heißluftballon wurde nach seinen Erfindern benannt und am 4. Juni 1783 einem staunenden Publikum präsentiert.
(Bild: Archiv)

Weniger Wagemutige schickten lieber Haus- und Hoftiere mit dem Fallschirm vor: 1785 ließ der Ballonfahrer Jean-Pierre Blanchard in Frankfurt zuerst seinen Hund und ein Jahr später in Hamburg einen Hammel von seinem Ballon aus mit dem Fallschirm herab. Blanchard selbst verdankte dem Fallschirm sein Leben: Als sein Ballon drohte, wegen Überdrucks zu platzen, sprang er dem Tod von der Schippe. Damit ging der Mann, der als erster im Ballon den Ärmelkanal überquert hatte, 1785 auch noch als erster verbürgter – wenn auch unfreiwilliger – Fallschirmspringer in die Annalen ein. Gleichzeitig gilt die Aktion als die erste Luftrettung der Luftfahrtgeschichte. Nach Blanchard wurde sogar ein Mondkrater benannt, der 40 Kilometer Durchmesser zählt.

Jean-Pierre Blanchard, Ballon-Aktionist und unfreiwillig erster Fallschirmspringer der Welt. Stich von James Newton aus dem Jahr 1785, nach einem Ölgemälde von Richard Livesay. *(Bild: Archiv)*

Der erste Mensch, der freiwillig mit seinem Fallschirm aus einem Ballon ausstieg, war der Franzose André-Jaques Garnerin. Ein selbstgebauter Wasserstoffballon hatte ihn in 400 Meter Höhe über den Pariser Parc Monceau getragen, über dem er 1797 absprang. Garnerin war es auch, der bei Fallschirmen die Scheitelkappenöffnung einführte, um das starke Schwingen durch die angesammelte Luft unter den Rundkappen zu verringern.

Fallschirmsprung von André-Jaques Garnerin 1797, dargestellt auf einer Sammelkarte um 1890. *(Bild: Archiv)*

Fallschirme lösten die Sonnenschirme ab, Ballone ersetzten die Türme, welche bislang als Sprungbasen gedient hatten. Und Frauen begannen, den Männern ihren Status als einzige fallschirmspringende Spezies streitig zu machen. Eine der ersten Damen, die dadurch Weltruhm erlangte, war jung, schön und ein Teufelsweib: Katharina »Kätchen« Paulus, eigentlich gelernte Schneiderin. Sie verlor ihr Herz an einen Ballonfahrer, was nicht ohne berufliche Folgen blieb. Die Frau Mutter wollte ihr Kätchen von dem Abenteurer und »Homme á femmes«, dem Mann, der sich gern mit Frauen umgab, fernhalten. Doch Kätchen imponierte Hermann Lattemann durch die Herstellung von Ballonen und Fallschirmen und avancierte zur Erfinderin des ersten zusammenlegbaren Fallschirms. Lattemann lehrte sie die Kunst des Ballonflugs und machte sie damit zur ersten deutschen Berufsluftschifferin.

Doch Kätchen war noch lange nicht zufrieden, sie wollte mehr. Sie bestand darauf, zu springen. Im August 1893 sprang sie in Nürnberg vor mehr als 60.000 Zuschauern, als erste Frau Deutschlands und als eine der ersten weltweit. Nach dem tragischen Tod Lattemanns durch ein Ballonunglück und dem Diphterietod ihres gemeinsamen Sohnes verlor Käte jegliche Angst vor Herausforderungen. Aus 1200 Metern stürzte sie sich 165 Mal in die Tiefe und tätigte über 700 Ballonaufstiege. Für ihr Publikum war sie fortan eine Luftheldin, die in ihrem Mut und den Männern in nichts nachstand und deren Markenzeichen der typische Matrosenanzug wurde, den sie stets trug.

Ihr spektakulärster Sprung war der »Doppelabsturz«. Sie sprang vom Ballon, wobei sie ein erster Fallschirm auffing, von dem sie sich löste, bis ein zweiter Schirm sie erneut auffing und sicher zu Boden schweben ließ. Zur Zeit des Ersten Weltkrieges galt sie als Expertin und beste Ratgeberin der Ballonaufklärertruppen. Im Auftrag des Preußischen Kriegsministeriums fertigte sie ab Sommer 1915 in ihrer Wohnung die von ihr erfundenen Paketfallschirme samt dazugehörigen Hüllen. Mit Unterstützung von 30 Heimarbeiterinnen lieferte sie bis Kriegsende etwa 7000 Fallschirme und 1000 Ballonhüllen. Das bedeutete, jede Woche 20.000 Meter Stoff zuzuschneiden. Alle deut-

Kätchen-Paulus-Postkarte mit ihrem Geburtsort Zellhausen. »Sie fuhr den Wolken entgegen, sie sprang vom Himmel und – unfassbar – sie trug Hosen!« *(Bild: Gemeinde Mainhausen)*

schen Frontflieger wurden zu diesem Zeitpunkt bereits mit dem automatischen Fallschirm als Rettungsgerät ausgestattet. Ihre Fallschirme retteten 1917, in der Schlacht um Verdun, 20 Ballonaufklärern nach deren Abschuss das Leben. Im selben Jahr wurde sie mit dem Verdienstkreuz für Kriegshilfe geehrt.

Dann setzte Amerika Meilensteine: 1912 sprang der US-Army-Captain Albert Berry als erster Mensch aus einem Flugzeug ab. In einem Metallbehälter unter dem Flugzeugrumpf war der Fallschirm befestigt. Der Fallschirmspringer saß während des Fluges auf einer Art Trapez unter einem Doppeldecker.

Erster Fallschirmsprung aus einem Flugzeug. *(Bild: Archiv)*

1919 tat es ihm sein Landsmann Leslie Leroy Irvin gleich, genannt »Sky High«, doch hatte dieser einen manuell auslösbaren, also nicht am Flugzeug befestigten Rückenfallschirm und absolvierte somit den ersten Freifallsprung.

Das Prinzip der doppelten Hülle und der am Flugzeug befestigten Aufziehleine stammt vom Luftschiffbau-Ingenieur Otto Heinecke. Es gestattet einen gefahrlosen Absprung, indem es dafür sorgt, dass sich der Fallschirm nicht am Fluggerät verfangen kann.

Als erster Pilot der Geschichte sprang der als Fliegerass titulierte Franzose Adolphe Pégout (ihm gelang es als erstem, eine vollständige Schleife/Looping zu fliegen) 1913 mit dem Fallschirm aus seiner Blériot, die für diesen Zweck geopfert wurde.

Als Volkssport wurde das Fallschirmspringen in der Sowjetunion der 20er Jahre populär, gefördert durch staatliche Unterstützung. Zahlreiche Sportspringer waren in der Gesellschaft »Osswiachim« zusammengefasst. So kam es, dass die Union der Sozialistischen Sowjetrepubliken (UdSSR) als einziger Staat der Welt schon 1928 über eine Fallschirmtruppe verfügte.

Zeittafel des Fallschirms (vor militärischer Nutzung)

Jahr	Fallschirm	Person	Ort
Anfang 14. Jh.	Sonnenschirmsprung/ Türme	Zirkusartisten	China
1470	Zeichnung konischer Fallschirm	unbekannt	Italien
1483	Skizze pyramidenförmiger Fallschirm	Leonardo da Vinci	Italien
1597	Fallschirmsprung/Glockenturm	Fausto Veranzio	Pressburg
1783	Fallschirmsprung/Turm	Sébastian Lenormand	Montpellier
1785	Ballonabsprung	Hund von Jean-Pierre Blanchard	Frankfurt/M.
1785	Rettungssprung aus defektem Ballon	Jean-Pierre Blanchard	unbekannt
1786	Ballonabsprung	Hammel von J.-P. Blanchard	Hamburg
1797	Ballonabsprung aus 400 Meter	André-Jaques Garnerin	Paris
1893	Ballonabsprung aus 1200 Meter	Käte Paulus	Nürnberg
1912	erster Flugzeugabsprung	Captain Albert Berry	Missouri
1913	erster Flugzeugabsprung eines Piloten	Adolphe Pégout	unbekannt
1917	Luftrettungssprünge	20 Ballonaufklärer	Verdun
1919	erster Freifallsprung	Leslie Leroy Irvin »Sky High«	Ohio
20er Jahre	Fallschirmsportspringen	Bürger und Armeeangehörige	UdSSR

Der Fallschirm und das Militär – Die Anfänge der vertikalen Verbringungstaktik

Während des Ersten Weltkrieges hegte keine der Kriegsparteien ernsthaft die Absicht, den Fallschirm zum Absetzen von Truppen hinter feindlichen Linien einzusetzen. Nur einer dachte im September 1918 angestrengt über einen revolutionären Luft-Großangriff mittels vertikaler Verbringungstaktik nach, der im Gebiet um Ypern (Nordbelgien) stattfinden sollte: der US-Brigadier-General William (Billy) Mitchell. Er war mit der Leitung des Einsatzes von fast 1500 alliierten Flugzeugen beauftragt. Soldaten der 1. US-Infanteriedivision sollten, ausgestattet mit Maschinengewehren, mit dem Fallschirm hinter der noch von Deutschen gehaltenen Festung Metz abgesetzt werden. Die »Panic Party«, so der Plan, sollte in Verbindung mit einem Vorstoß und der Unterstützung durch Bordangriffe und Bomben den Feind zu Fall bringen. Nicht selten wurde der als einer der Väter der US-Luftstreitkräfte angesehene Mitchell für diesen Plan für verrückt erklärt. Doch das nahende Kriegsende vereitelte das Vorhaben ohnehin. Es geriet in Vergessenheit und wurde erst durch die Memoiren Mitchells wieder in Erinnerung gerufen.

Brigadier General William (Billy) Mitchell mit zahlreichen Orden. *(Foto: US Air Force)*

Sowjetische Fallschirmjäger auf der Überholspur

Die Sowjetunion zeigte in Sachen Fallschirmspringen schon in den 20er Jahren des vergangenen Jahrhunderts eine wesentlich fortschrittlichere und militantere Haltung als der europäische Nachbarkontinent. Der Schaffung von Luftlandetruppen räumten die Sowjets größte Priorität ein. Zwar verminderte losseb Bessarionis dse Dschughaschwili, der sich 1912 den Kampfnamen Stalin (der Stählerne) zulegte, durch seine These von der »Koexistenz der Gesellschaftsformen« die Angst vor Lenins Theorien der Weltrevolution; doch in Gestalt von Marschall Michail Nikolajewitsch Tuchatschewski auferstand ein roter Napoleon, der sich mit Haut und Haaren dem Militär verschrieben hatte und nicht zu unterschätzen war. Nach dem Bürgerkrieg war er maßgeblich am strukturellen technischen Aufbau der sowjetischen Luft- und Marinestreitkräfte beteiligt. In den Jahren 1925 bis 1928 diente er als Chef des Stabes der Roten Armee. 1934 wurde er stellvertretender, 1936 erster stellvertretender Volkskommissar (Minister) für Verteidigung der Sowjetunion, Leninorden (1933) inklusive. Tuchatschewski war einer der ersten, die die Operation in die Tiefe des Gegners zu einer Doktrin für den Kriegsfall machten. Die junge sowjetische Fallschirmtruppe wurde deshalb von ihm in ganz besonderem Maße gefördert.

Der erste Fallschirmjägereinsatz der Militärgeschichte erfolgte 1930 beim russischen Allunionsmanöver. Ein Leutnant sprang mit seinem Zug südlich von Moskau ab, um einen sowjetischen Stab der Gegenpartei zu überraschen und auszuheben. Die Operation war ein voller Erfolg.

Ein Jahr später sah man bei einem Manöver sieben Punkte am Himmel, die sich aus einer Antonow 14 lösten. Wenige Minuten nach dem Absprung hatten der Offizier und sechs seiner Männer ein schweres Maschinengewehr (MG) in Stellung gebracht, und gemeinsam griffen sie von einem strategisch wichtigen Punkt aus entscheidend in die Kämpfe ein.

In dieser Zeit begannen die Sowjets, sämtliche Fallschirmtypen der Welt zu testen. Erzielte ein Schirm bei der Überprüfung Bestnoten, wurde er kurzerhand nachgebaut.

Als der sowjetische Fliegergeneral Michail Schtscherbakow 1932 in Frankreich zu Gast war, wurde er von Marschall Henri Philippe Benoni Omer Joseph Pétain, ausgewiesener Held von Verdun, Verfechter einer linearen und befestigten Front, persönlich in der Maginot-Linie (französisches Verteidigungssystem, bestehend aus zahlreichen Bunkern entlang der französischen Grenze zu Deutschland und Italien, sowie an der Südspitze von Korsika) herumgeführt. Der Gastgeber wandte sich voller Überzeugung an den General: »Diese Festungen werden jeden Feind aufhalten, der versucht, in unser Land einzudringen.«

Mit einem leichten Lächeln auf den Lippen erwiderte Schtscherbakow: »Solche Festungen werden in Zukunft völlig überflüssig sein. Wenn ein Gegner sich die Vorstellungen des amerikanischen Generals Mitchell zu eigen machen würde und mit Fallschirmspringern diese Festungen einfach überspringt, könnte er das Hinterland besetzen, die Festungen von ihrer Versorgung abschneiden und aushungern.«

Die Franzosen waren »choqué« (schockiert). Sofort verstärkte die französische Führung an den Festungen die Luftabwehrgeschütze und setzte weitere Flak-Batterien ein.

Die sowjetische Militärführung baute ihre Fallschirmtruppe unterdessen weiter aus. Bei Flugtagen sprangen schon 1933 und 1934 Fallschirmsoldaten in beeindruckender Anzahl im Reihensprung in Moskau ab. Doch erst in den Jahren 1935/36 lüfteten die Sowjets international den Schleier, mit dem sie ihre Fallschirmtruppe umhüllt hatten. Im Rahmen eines großen Manövers in der Ukraine, zu dem hohe Gäste und internationale Militärattachés geladen waren, lieferten die Sowjets eine militärische Glanzleistung, welche die Welt zuvor noch nicht gesehen hatte: Aus strahlend blauem Himmel sprangen 1000 Fallschirmjäger ab, und in ihrem Gefolge landeten 5000 Rotarmisten in Transportflugzeugen. Die Präzision ihres Niedergehens und die Schlagkraft ihres Einsatzes rissen selbst beherrschte Militärs buchstäblich aus ihren Sitzen. Der spätere britische General Archibald Wavell, Augenzeuge des Spektakels, schrieb an die britische Regierung: »Wenn ich nicht selbst Zeuge hiervon gewesen wäre, so hätte ich nicht geglaubt, dass eine derartige Operation möglich wäre.«

Nur fünf Jahre später erfuhr Wavell als britischer Oberbefehlshaber im Nahen Osten die Wirksamkeit dieser neuen Waffe, als deutsche Fallschirmjäger die seinem Befehl unterstehende Insel Kreta aus der Luft angriffen und in Besitz nahmen.

Das Deutsche Reich im Fallschirmfieber

Natürlich meldete auch der deutsche Beobachter die Luftlandesensation eiligst nach Berlin. Schon lange verfolgte man von deutscher Seite aus den Aufbau der Fallschirm- und Luftlandetruppen in der Sowjetunion.

Mit dem Versailler Vertrag, der nach dem Ersten Weltkrieg auch formell den Kriegszustand zwischen dem Deutschen Reich und den Mächten der Triple Entente (Militärbündnis zwischen dem Vereinigten Königreich, Frankreich und Russland) und ihren Verbündeten beendete, waren dem Deutschen Reich harte militärische Beschränkungen auferlegt worden. Unter anderem war darin ein Verbot des Wiederaufbaus von Luftstreitkräften fixiert, und jegliche Maßnahmen, die zur Vorbereitung eines Krieges geeignet waren, waren strikt untersagt. Zur Umgehung der vertraglichen Einschränkungen der Reichswehr hatte der Chef des Truppenamts und der Heeresleitung, General Hans von Seekt, Verbindung mit der Roten Armee aufgenommen. Mit deren Unterstützung plante er auf sowjetischem Gebiet Erprobungs- und Ausbildungseinrichtungen für eine spätere deutsche Panzer- und Fliegerwaffe sowie für die chemische Kriegsführung. In das relativ kleine Offizierkorps der Reichswehr hatte er zukunftsorientiert überproportional viele ehemalige Flieger aufgenommen. Als Luftschutzreferat getarnt, richtete er luftfahrttechnische und taktische Dienststellen im Truppenamt ein. Das Reichswehrministerium ließ dem vertraglich nicht behinderten Segelflugsport besondere Förderung zuteil werden. Es wurde als wichtige Vorstufe für die Ausbildung künftiger Militärpiloten angesehen. Der Abzug der Siegermächte, deren Militärmission in der Überwachung des Vollzugs der Abrüstung und der Einhaltung der militärischen Einschränkungen Deutschlands bestanden hatte, erlaubte es ab 1927, sich wieder mit moderner Militärtechnologie zu befassen.

Ende September 1927 bekam der Regimentskommandeur Oberstleutnant Friedrich Wilhelm Jakoby im ostpreußischen Rominten mitgeteilt: »Jakoby, sorgen Sie dafür, dass aus Freiwilligen des Regimentes ein Fallschirmjäger-Bataillon aufgestellt wird. Dieses Bataillon soll die Stammtruppe für die künftige deutsche Fallschirmtruppe werden.« Von der Freiwilligkeit erhoffte man sich Eigenschaften wie Schlagkraft und Stehvermögen bei den Kandidaten.

Schon im Oktober verlegte das Regiment auf den Truppenübungsplatz Altengrabow (östlich von Magdeburg) mit dem Auftrag, Gliederungen und

Fallschirmjäger in den Anfangsjahren. In dichter Folge abgesetzt, repräsentieren sie mit Stolz ihre neue Truppengattung.
(Foto: Archiv)

Entwicklung des neuen Rundkappenfallschirms

Der bis dato übliche Rettungsfallschirm setzte eine sehr lange Falldauer voraus. Zu lange für Fallschirmjäger, die in geringerer Höhe abgesetzt werden. Deshalb musste dringend ein auch für diese geringen Höhen brauchbarer Fallschirm her.

Teststelle:
Fallschirmerprobungsstelle der deutschen Luftfahrtbehörde in Zusammenarbeit mit der Prüfstelle für Luftfahrzeuge (ein Fallschirm ist ein Luftfahrzeug!) in Berlin-Adlershof.

Versuche:
Abwürfe von Puppen aus dem Albatros L76 und der Junkers K47. Puppenlast 100 Kilogramm, Testgeschwindigkeiten 250 km/h, 324 km/h und 400 km/h.

Der Entfaltungsstoß-Schreiber:
Neuentwicklung und Meisterwerk der damaligen Messtechnik (um 1930) von Ingenieur Freise, um den Kräfteverlauf während des Entfaltungsvorganges und dessen Einwirkungen auf den Menschen zu bestimmen und zu verfolgen.

Kinotheodolit-Messstation nach 1933:
Konnte alle Phasen einer Entfaltung und die darin aufgetretenen Kräfte einwandfrei ermitteln. Dies gelang mit Hilfe einer Kinotheodolit-Kamera, die mit dem Entfaltungsstoß-Schreiber durch funktechnische Übermittlung von Zeitzeichen gekoppelt war.

Erster Einsatzfallschirm

Fallschirmtyp:	Rundkappenschirm des Baumusters RZ 1 (Rückenfallschirm-Zwangsauslösung)
Durchmesser:	8,5 Meter
Flächeninhalt:	56 Quadratmeter
Material:	weiße Seide mit 28 Sektoren
Reißleine:	9 Meter
Sprungart:	Hechtsprung, gespreizte Arme und Beine
Dresscode:	Fallschirmschützen-Bluse, ugs.: Knochensack
Reservefallschirm:	keiner
Absprunghöhe:	120 Meter

Einsatzmöglichkeiten eines Fallschirmjäger-Regiments zu entwickeln und praktisch zu erproben. Da nur wenige jemals zuvor einen Fallschirmsprung gesehen hatten, wurde ihnen auf dem Truppenübungsplatz in Döberitz durch einen dort stationierten Gefreiten ein Sprung vorgeführt. Obwohl dieser sich verletzte und mit dem Krankenwagen abtransportiert werden musste, meldeten sich noch am selben Tag 600 Angehörige des Regiments, darunter fast alle Offiziere, freiwillig zum Dienst im I. Fallschirmschützen-Bataillon.

Ausrüstung und Waffen der deutschen Fallschirmtruppe

Besonderheiten der Ausrüstung

Bald folgten mit dem RZ 16 und dem RZ 20 verbesserte Muster. Während des Zweiten Weltkrieges wurde der erste Dreiecksfallschirm eingeführt. Er hatte den dreifachen Vorteil eines geringeren Entfaltungsstoßes, geringerer Pendelbewegung und weicherer Landung. Entwickelt hatte ihn Dipl.Ing. Wolf Schauenburg, der ihn 1943 zum Patent anmeldete.

Die angehenden Fallschirmjäger kamen mit dem Fallschirm schon in den ersten Ausbildungstagen in Berührung, allerdings nicht beim Springen, sondern bei Packübungen. Das Packen des Schirms musste vor dem ersten Sprung beherrscht werden.

Konzentriertes Fallschirmpacken in den Anfangsjahren. *(Foto: Archiv)*

Feld- und Sprunganzug aller Dienstgrade und Waffengattungen der Fallschirmtruppen 1942–1945. Bewaffnung: MP 40. Zu sehen in der Wehrtechnischen Studiensammlung, Koblenz.

Fallschirme in der Trockenhalle. *(Foto: Archiv)*

Kopfschutz der Springer und andere Spezialanfertigungen

Der Stahlhelm »Modell 1935« war wegen seines ausladenden Nackenschutzes und der breiten Front- und Seitenränder nicht für Fallschirmjäger geeignet.

Helm-Notlösung:	Stahlhelm Modell 1935 mit abgeschnittenen Rändern.
Helm-Neuentwicklung:	Randloshelm mit Nackenriemen und spezieller Innenpolsterung.
Helm-Farbe:	Zuerst blaugrau, dann verschiedene stumpfe Farben.
Gasmaske:	Untergebracht im Stoffbeutel mit Reißverschluss – die übliche Metallbüchse barg Verletzungsgefahr.
Fallmesser:	Die Klinge rutscht (fällt) bei nach unten gehaltenem Messer aus dem Griffstück, sobald man auf einen Auslöser drückt.
Munitionstragegurt:	Stabiler Stoff, 10–15 cm breit, mit 12 aufgesetzten Taschen für jeweils zwei »5-Schuss-Ladestreifen« des Karabiners 98k, sodass der Fallschirmjäger 120 Schuss mit sich führen konnte. Der Tragegurt wurde um den Nacken getragen, beide Enden vorne am Koppel befestigt. Für die Maschinenpistole 38/40 wurden drei bis sechs Magazintaschen für je ein Magazin mit 32 Schuss am Koppel mitgeführt.

Erst dann erfolgte ein intensives Training in allen Tätigkeiten, die ein Fallschirmjäger beim Absprung zu beachten hatte: Das Fertigmachen im Flugzeug, das Abspringen, das Verhalten in der Luft und vor allem die Landung. Von größter Wichtigkeit war, dass der Springer sich beim Aufsetzen nicht verletzte und dadurch für den anschließenden Kampf ausfiel.

Die Ausbildung an der Fallschirmschule, bei der es sechs Sprünge zu absolvieren galt, dauerte in der Regel acht Wochen. Soldaten, die ernste Charaktermängel aufwiesen, den physischen und psychischen Anforderungen nicht gewachsen waren oder einen Sprung verweigerten, wurden vom Lehrgang abgelöst.

Fallschirmjäger mit K98k-Attrappe bei der Sprungausbildung. *(Foto: Archiv)*

Sprungübung rustikal: Kameraden halten ein Sprungtuch, während der Übende aus einer Ju-52-Lukenimitation abspringt. *(Foto: Archiv)*

Fallschirmjägergruppe mit beachtlicher Feuerkraft, Russland 1941. Die ersten drei Männer sind mit der Maschinenpistole (MP) 38 ausgerüstet, dann folgt ein Gewehr (G) 41, ein Karabiner (K) 98 und wieder eine MP 38. *(Foto: Archiv)*

Gebräuchliche Handfeuerwaffen

Karabiner 98k

Die Standardwaffe des deutschen Soldaten war seinerzeit der Karabiner 98k. Die Bezeichnung »Karabiner« ist taktischer Natur und bezieht sich auf die seitliche Riemenanbringung und den gebogenen Kammerstengel. Dadurch sollte die Führigkeit verbessert und der Transport der Waffe erleichtert werden. Der Karabiner 98k war bekannt unter dem Codenamen »Adalbert« und ab 1944 unter »Dauerwelle«.

Land:	Deutschland
Entwickler:	Mauser (1898)
Produktionsperiode:	1935–1945
Kategorie:	Gewehr
Gesamtlänge:	1110 mm (1355 mm mit Bajonett)
Gewicht (entladen):	ca. 3,7–4,1 kg (4,35 kg mit Bajonett)
Lauflänge:	600 mm
Feldmaß:	7,89 mm
Zugmaß:	8,20 mm
Kaliber:	7,92 x 57 mm
Drall:	rechts
Dralllänge:	240 mm / 29,3 Kalibern / 6,17°
Anzahl Züge:	4
Magazinfüllung:	5 Schuss
Visierung:	Kurvenvisier 100–2000 m
Munitionszufuhr:	durch Ladestreifen von jeweils 5 Schuss
Effektive Kampfentfernung:	600 m
Feuergeschwindigkeit:	max. 15 Schuss/min
Mündungsgeschwindigkeit (V_0):	755 m/s

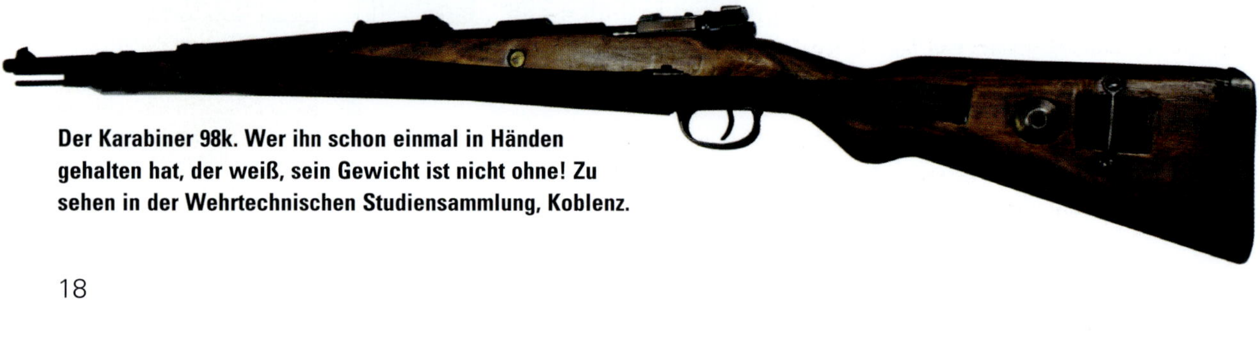

Der Karabiner 98k. Wer ihn schon einmal in Händen gehalten hat, der weiß, sein Gewicht ist nicht ohne! Zu sehen in der Wehrtechnischen Studiensammlung, Koblenz.

Maschinenpistole Modell 1938/1940 (MP 38/40)

Die Maschinenpistole (MP) entstand während des Ersten Weltkrieges. Die Entwicklung in Deutschland begann 1915. Im Unterschied zu Karabiner, Gewehr oder Maschinengewehr schoss die MP vollautomatisch, war handlich und hatte nur einen geringen Rückstoß.

Land:	Deutschland
Entwickler:	Heinrich Vollmer
Hersteller:	ERMA-Werke, Fa. Haenel, Steyr-Werke
Produktionsperiode:	1940–1944
Produktionszahl:	746.000 – 1,1 Mio.
Kategorie:	Maschinenpistole
Gesamtlänge der MP 38:	856 mm, mit eingeklappter Schulterstütze 630 mm
Gesamtlänge der MP 40:	832 mm, mit eingeklappter Schulterstütze 629 mm
Lauflänge der MP 38:	250 mm
Lauflänge der MP 40:	251 mm
Gewicht der MP 38:	(ungeladen/geladen) 4,2 kg / 4,9 kg
Gewicht der MP 40:	(ungeladen/geladen) 3,97 kg / 4,7 kg
Kaliber:	9 mm
Patrone:	9 mm Parabellum
Magazinkapazität:	32 Patronen im Stabmagazin, 64 Patronen im Doppelstabmagazin (sehr selten)
Schussart:	Dauerfeuer
Effektive Kampfentfernung:	bis zu 200 m
Max. Schussweite:	über 1200 m
Feuergeschwindigkeit:	600 Schuss/min
Mündungsgeschwindigkeit (V_0):	380 m/s
Mündungsenergie:	ca. 580 J

Maschinenpistole 40 (unten) und Maschinenpistole 38 (oben). Zu sehen in der Wehrtechnischen Studiensammlung, Koblenz.

Fallschirmjäger-Oberfeldwebel mit MP 40, Russland 1941. Der Springerhelm ist bereits ohne Wappen in Reichsfarben. Die Lederhandschuhe mit langen Stulpen gehörten zur Sonderausstattung für Fallschirmschützen. *(Foto: Archiv)*

Maschinengewehr Modell 1934 (MG 34)

»Arbeitspferd« der Infanterie. Das Nachfolgemodell wurde erst im dritten Kriegsjahr fertiggestellt. Das MG 42 schlug den Vorgänger durch größere Passungen, welche die bekannten Ladehemmungen minderten. Die Kadenz stieg von 900 auf 1500 Schuss. Es galt als bestes MG seiner Zeit.

Land	Deutschland
Hersteller:	Rheinmetall, Mauser Werke u.a.
Bauart:	Rückstoßlader mit luftgekühltem, auswechselbarem Lauf
Kaliber:	7,92 x 57 mm
Länge:	1225 mm
Gewicht:	11,5 kg mit Zweibein
Munitionszufuhr:	Metallgurt mit 50 Schuss, erweiterbar um beliebige Gurtzahl durch Verbinden des jeweils letzten Kettengliedes mit dem ersten Kettenglied des Folgegurtes; Verbindung erfolgt durch Einschieben einer Patrone in das Verbindungsglied.
Magazinkapazität:	Trommel mit 50 oder 75 Schuss
Mündungsgeschwindigkeit:	755 m/s
Mündungsenergie:	3600–5000 J
Kampfentfernung:	Zweibein bis ca. 600 m Lafette bis 1200 m
Feuerrate:	800–900 Schuss/min
Herstellungskosten (Ende 30er):	150 Arbeitsstunden und 312 RM

Maschinengewehr MG 34 auf Dreibeinlafette. Zu sehen in der Wehrtechnischen Studiensammlung, Koblenz.

Panzerbüchse 38/39

Wurde kurz nach dem Aufkommen der ersten Panzer im Ersten Weltkrieg entwickelt. Es handelte sich um ein schweres, großkalibriges Gewehr, das mit besonders starker Treibladung panzerbrechende Wuchtgeschosse verschießen konnte.

Einsatzland:	Deutschland
Entwickler /Hersteller:	Gustloff-Werke
Produktionszeit:	1938–1942
Gesamtlänge:	1230 mm
Gewicht(mit leerem Magazin):	10,43 kg
Lauflänge:	612 mm
Kaliber:	7,92 x 94 mm
Effektive Reichweite:	500 m
Feuerarten:	Einzelfeuer
Mündungsgeschwindigkeit (V_0):	1210 m/s
Anzahl Züge:	4
Drall:	rechts

Schwere Infanteriewaffen

Granatwerfer (GrWf)

Die deutsche Wehrmacht kannte drei Granatwerferarten:

Leichter Granatwerfer 36, Kaliber 5 cm
Jeder Schützenzug war bei Kriegsbeginn mit dieser Waffe ausgestattet. Sie war relativ leicht auf dem Rücken zu tragen. Aufgrund der geringen Reichweite von nur 500 Metern und der geringen Splitterwirkung (entsprach einer Handgranate) wurde der GrWf 36 in der zweiten Kriegshälfte ausgesondert. Bei der NVA war er bis 1952 als Lehr- und Ausbildungswaffe im Einsatz.

Schwerer Granatwerfer 34, Kaliber 8 cm
Der zu Beginn des Krieges eingesetzte Granatwerfer wurde vom gleichkalibrigen »mittleren Granatwerfer 42«, welcher in rund 60.000 Exemplaren an die Front kam, abgelöst. Die 3,5 kg schweren Granaten ließen sich bis zu 5000 Meter weit verschießen. Der Schwere Granatwerfer 34 war ebenfalls bei der NVA im Einsatz.

Schwerer Granatwerfer 42, Kaliber 12 cm
Mit diesem Granatwerfer ließen sich 15,8 Kilogramm schwere Geschosse auf eine Entfernung von 6000 Metern abfeuern. Es wurden 8000 Stück hergestellt.

Leichter Granatwerfer 1936. Zu sehen in der Wehrtechnischen Studiensammlung, Koblenz.

Panzerabwehrkanone (Pak)

- 3,7-cm-Pak 35/36
- 5-cm-Pak 38
- 7,5-cm-Pak 97/38
- 7,5-cm-Pak 40
- 8,8-cm-Pak 43 u. Pak 43/41

Eine Panzerabwehrkanone (Pak oder PaK) ist eine Kanone, welche für die Bekämpfung gepanzerter Ziele, vor allem von Panzern, konzipiert ist. Hierzu verwendet die Pak panzerbrechende Munition, die im direkten Richten verschossen wird.
Panzer wurden zunächst im direkten Beschuss mit herkömmlichen Artilleriegeschützen bekämpft. Es zeigte sich jedoch schnell, dass diese für die Panzerbekämpfung nur bedingt geeignet waren. Die Entwicklung einer entsprechenden Waffe wurde notwendig.
Zwischen den Weltkriegen wurden zunächst Panzerbüchsen entwickelt und eingeführt, die Ähnlichkeit mit einem sehr schweren Gewehr aufwiesen. Mit zunehmender Panzerung waren diese Waffen aber nicht mehr ausreichend, sodass spezielle Panzerabwehrkanonen entwickelt wurden.
Im Zweiten Weltkrieg hatte diese Waffe ihren Höhepunkt, da die Bekämpfung von Panzern eine immer größere Rolle spielte. Pak kamen in den verschiedensten Ausführungen an allen Fronten zum Einsatz.

Aufbau der Kompanien

Bei der Umorganisation des Regiments im November 1935 erhielt es den Namen »IV. Bataillon«. Erst ab 1. April 1938 führte es die Bezeichnung »I./Fallschirmjägerregiment 1«. Diesem Bataillon entstammt beinahe das gesamte Lehr- und Schulpersonal der Fallschirmschule zu Stendal. Die Stadt mit ihrer Backsteingotik, rund 60 Kilometer nördlich von Magdeburg in der Altmark gelegen, wurde mit dem wenige Kilometer entfernt liegenden Fliegerhorst Borstel zur Wiege der deutschen Fallschirmtruppe, deren eigentliche Geburtsstunde der 29. Januar 1936 war. An diesem Tag wurde der Befehl zur Aufstellung der neuen Waffengattung Fallschirmjäger erlassen.

Der geheime Befehl

An Luftkreiskommando II Berlin
Zur Vorbereitung einer Ausbildung im Fallschirmspringen wird befohlen:
Als zukünftiges Lehrpersonal sind 15 Offiziere, Unteroffiziere und Unterführer des Regimentes aufgrund freiwilliger Meldungen bereitzustellen und auszubilden.
Es kommen hierfür Persönlichkeiten mit einem Gewicht unter 85 Kilogramm (einschließlich Kleidung) in Frage, die körperlich gut durchgebildet und ärztlich auf Fliegertauglichkeit untersucht sein müssen.
Beginn der Ausbildung: voraussichtlich 1. April 1936. Dauer acht Wochen, davon vier Wochen zur Ausbildung als Fallschirmwart beim Luftwaffen-Geräteinspizienten, anschließend vier Wochen praktischer Lehrgang im Fallschirmspringen aus einem Flugzeug. Als Flugplatz ist dafür Neubrandenburg in Aussicht genommen.
Eine Ju 52 wird durch R.L.M hergerichtet werden. Geeignete Lehrer wird R.L.M stellen.
Richtlinien für die Ausbildung ergehen zeitgerecht durch R.L.M.
Zum 15.3.1936 meldet L.K.K.II:
1. Dienstgrad und Namen der Freiwilligen.
2. Die Durchführung der fliegerärztlichen Untersuchung.
3. Die Geeignetheit des Flugplatzes. (Nötigenfalls ist ein anderer Vorschlag zu unterbreiten).
Die Kommandomehrkosten sind in Kap. A2 Tit. 34, Unterabschnitt 4b, anzufordern; sie werden besonders zugewiesen.
Für die Dauer der vierwöchigen praktischen Ausbildung im Fallschirmabspringen wird ausnahmsweise die Fliegerzulage gemäß Verfügung genehmigt.

Auch eine Pionierkompanie musste aufgebaut werden. Man hoffte bescheiden auf das Zustandekommen eines schwachen Zuges. Der zuständige Oberleutnant ließ seine Männer noch am selben Tag antreten. Er war keiner, der große Worte machte, vielmehr besaß er die Gabe, mit einem knappen Frage-Schachzug alle für die Sache zu gewinnen. Kühn fragte er in die Runde: »Männer, macht ihr alles mit, was ich euch vormache?« Die Männer stimmten zu. »Dann seid ihr ab heute Fallschirmjäger!« So erhielt das Fallschirmjäger-Bataillon mit einem Schlag eine mannstarke Pionier-Kompanie.
Der Aufschwung der Luftwaffe kratzte mächtig am Ego des Heeres. Noch 1936 wurde in Stendal die Fallschirminfanterie-Kompanie aufgestellt, die auch über schwere MGs und Granatwerfer verfügte. Im Herbst 1937 war der Aufbau der Kompanie so weit abgeschlossen, dass sie beim großen Wehrmachtsmanöver in Mecklenburg eingesetzt werden konnte.
Nun besaßen Luftwaffe und Heer jeweils ein Fallschirmjäger-Bataillon, deren Sprungausbildung naturgemäß gleichartig durchgeführt wurde. Nur hinsichtlich der Art des taktischen Einsatzes vertrat man sehr unterschiedliche Ansichten. Während das Heer einen taktisch-infanteristischen Einsatz anstrebte, zielte die Ausbildung dor Luftwaffen-Fallschirmjäger auf Zerstörertaktik ab.
Am 1. Juli 1938 übernahm Generalmajor Kurt Student die Führung der jüngsten Waffengattung der Wehrmacht, der man aus Gründen der Tarnung die Bezeichnung »7. Fliegerdivision« gab. Student hatte seine eigenen Vorstellungen, was er aus der neuen Truppe machen wollte, und erklärte: »Mit der Zerstörertaktik konnte ich mich nicht anfreunden. Trotz der erforderlichen Kühnheit sah ich darin keine voll befriedigende Aufgabe für einen Soldaten und für eine Truppe. Auch die Chancen für ein Zurückkommen erschienen mir zu gering. In den meisten Fällen blieb nur Gefangenschaft und vielleicht sogar die Behandlung als Saboteur oder gar als Spion. Eine solche Aussicht musste die Moral der besten Truppe untergraben. Eine gute Truppe erträgt Verluste im Kampf. Sie muss sich aber eine reelle Chance auf ein

Generalmajor Student lässt sich von einem jungen Soldaten über dessen Erfahrung beim Sprung berichten. *(Foto: Archiv)*

glückliches Zurückkommen ausrechnen können. Auch der taktische Einsatz schien mir nicht dem Wesen und der Bedeutung der Luftlandetruppen zu entsprechen. Meine Auffassung über diese jüngste Waffe ging von Anfang an sehr viel weiter. Ich sah unsere Aufgabe darin, die Fallschirm- und Luftlandetruppen allmählich zu einem Instrument von operativer, ja schlachtentscheidender Bedeutung zu entwickeln.«

Generalmajor Student sah im selbständigen Operieren unter Ausnutzung des Überraschungsmoments die besondere Stärke der Fallschirmjäger. Über die Erziehung und Behandlung der Fallschirmjäger formulierte er, dass diese großzügiger, kameradschaftlicher und fürsorglicher als anderswo sein müsse und vor allem auf Vertrauen, Disziplin und Gehorsam beruhe.

Student verstand nicht, warum es in der Wehrmacht zwei voneinander getrennt agierende Einheiten derselben Waffen geben sollte, doch blieb diese Tatsache auch nicht lange bestehen: Das Fallschirminfanterie-Bataillon wurde ihm im Herbst 1938 vorübergehend taktisch bei der Besetzung des Sudetenlandes unterstellt und am 1. Januar 1939 als »II. Bataillon des Fallschirmjäger-Regiments 1« in die Luftwaffe überführt.

Im Sommer 1938 war das Bataillon von Stendal nach Braunschweig verlegt worden. Zügig erfolgte dann die Aufstellung des III./Fallschirmjäger-Regiments 1 in Gardelegen und des I./ und II./Fallschirmjäger-Regiments 2 in Tangermünde bei Stendal.

Parallel zur Ausbildung der Fallschirmjägerverbände wurde die Aufstellung weiterer Lufttransporteinheiten vorangetrieben. Im September 1938 existierten bereits fünf selbständige Kampffliegergruppen, die mit Maschinen vom Typ Junker Ju-52 ausgerüstet waren.

Zusammensetzung des Großverbandes Fliegerdivision 7 (Fl.Div7)

- Fallschirmjäger-Regiment 1
- Fallschirminfanterie-Bataillon
- Luftlande-Bataillon
- Infanterieregiment 16
- Sanitätskompanie
- Pionierzug
- Luftnachrichten-Kompanie
- Aufklärungsstaffel
- 5 Gruppen Transportflugzeuge Ju 52
- Schlachtgeschwader 100 (flog mit der Henschel He 123, einem einsitzigen Sturzkampfbomber)
- 1 Jagdgeschwader

Es folgten im August 1939:

- Fallschirmjäger-Geschützbatterie
- Fallschirmjäger-Transportkompanie
- Fallschirmjäger-Baukompanie
- 2 Fallschirmjäger-Pak-Kompanien
- Panzerabwehr-Kompanie
- Panzerabwehr-Versuchskompanie
- Luftlandetransportkompanie

Automatiksprung aus der guten »Tante« Ju 52. *(Foto: Archiv)*

Man erwog auch den Einsatz von motorlosen Flugzeugen, um Punktziele überraschender anfliegen zu können. Deshalb wurde die Entwicklungsarbeit der Deutschen Forschungsanstalt für Segelflug enorm gefördert. Hans Jakobs konstruierte für diesen Einsatzzweck den Lastensegler DFS 230. Es war ein aus dem Segler Typ Observatorium weiterentwickeltes Segelflugzeug, das Platz für zehn Mann bot.

Die politischen Konflikte, welche sich infolge der Besetzung des Sudetenlandes durch deutsche Truppen zwischen dem Deutschen Reich und dem westlichen Ausland entwickelten, spitzten sich unterdessen zu.

Tarnen und Täuschen – Dummys im Einsatz

Im Juli 1939 wurde beim ersten Luftlandemanöver auf dem Truppenübungsplatz in Bergen eine neue Taktik präsentiert: Zur Täuschung des Gegners wurden lebensgroße Puppen an Fallschirmen abgesetzt. Man ließ die Dummys im Rücken eines feindlichen Regiments niedergehen. Prompt machte die vermeintlich bedrohte Einheit kehrt, um die Puppen zu bekämpfen. Während dieser Zeit sprang das II./Fallschirmjäger-Regiment 1 auf der anderen Seite ab und besetzte kampflos ein Höhlengelände, welches zur Verteidigung präpariert wurde. Die zuschauenden Militärs waren beeindruckt. Noch ahnten die Fallschirmjäger nicht, dass genau diese Taktik in den Kriegsjahren von den Alliierten angewandt werden würde, um sie zu täuschen. Diese setzten bei der »Operation Overlord« (Juni/August 1944, Ziel: die Deutschen aus Frankreich zurückzudrängen) Puppen in Fallschirmjägeruniform über der Normandie ab, die sie »Rupert« nannten und die laute Kampfgeräusche imitierten. Da zusätzlich zu diesen Imitaten auch sechs SAS-Soldaten absprangen und mehrfach Scheinattacken auf deutsche Stellungen ausführten, waren die Deutschen vollkommen irritiert und nicht imstande, sinnvoll zu agieren.

Die Fallschirmjäger im Zweiten Weltkrieg

Unweigerlich führten die politischen Bestrebungen des nationalsozialistischen Unrechtsregimes nach territorialer Ausdehnung in den Krieg. Das Oberkommando der Wehrmacht befahl am 26. August 1939 die geheime Mobilmachung.
Am 1. September 1939 wurde durch den Einmarsch der deutschen Wehrmacht in Polen, der ohne vorherige Kriegserklärung erfolgte, der Zweite Weltkrieg ausgelöst. Die junge Truppe der Fallschirmjäger wurde auf eine harte Bewährungsprobe gestellt und steuerte gleichzeitig – wie das ganze Land – in das dunkelste Kapitel der deutschen Geschichte, das bis zum 8. Mai 1945 währte und mit der vollständigen Niederlage Deutschlands endete. Die bei Kriegsende elf Divisionen starke Truppengattung wurde aufgelöst. Bis zur Gründung der Bundeswehr vergingen zehn Jahre.

Fallschirmtruppe nach der Landung. Im Vordergrund ein MG-34-Team. *(Foto: Archiv)*

Die bedeutendsten Kriegseinsätze der Fallschirmjäger			
Name	**Land**	**Datum**	**Auftrag**
Unternehmen Weserübung	Dänemark, Norwegen	April 1940	Besetzung norwegischer Häfen – Nachschubwegsicherung über das besetzte Dänemark
Westfeldzug	BeNeLux-Länder, Frankreich, Ardennen, Fort Eben Emael	Mai–Juni 1940	Eroberungsblitzkrieg unter Umgehung der Maginot-Line
Afrikafeldzug	Tunesien, Libyen, Ägypten	September 1940 – Mai 1943	deutsche Truppen unterstützten die dort kriegführenden bedrängten Italiener
Balkanfeldzug / Unternehmen Marita	Jugoslawien / Griechenland	April 1941	Eingreifen nach Scheitern von Mussolini
Operation Merkur	Kreta	Mai–Juni 1941	Eroberung / Besetzung / strategischer Nutzen
Schlacht um Monte Cassino	Italien	Januar–Mai 1944	Angriff der Alliierten gegen deutsche Stellungen

Die junge Bundeswehr und die 1. Luftlandedivision

1. Januar 1956 – 31. März 1994

Wappen der 1. Luftlandedivision.

Bereits Ende 1943 trafen sich auf der EUREKA-Konferenz in Teheran die »großen Drei« (Roosevelt, Churchill und Stalin), um unter anderem über die Vorgehensweise in Deutschland nach einem Sieg zu beraten. Schon in der Erklärung von Jalta im Februar 1945 wurde eine Einteilung in Besatzungszonen sowie eine koordinierte Verwaltung und Kontrolle durch eine zentrale Kontrollkommission beschlossen.

Die Grundlinien der Nachkriegspolitik wurden von den Alliierten Siegermächten (USA, Großbritannien, Sowjetunion; Frankreich fehlte) auf der Potsdamer Konferenz vom 7. Juli bis 2. August 1945 präzisiert. Im Potsdamer Schlusskommuniqué protokollierten die Alliierten die vollständige Abrüstung, Entmilitarisierung und Demontage der Kriegsindustrie in Deutschland.

Im Herbst 1949 wurden in den deutschen Besatzungszonen kurz hintereinander zwei deutsche Staaten gegründet und Ost- und Westdeutschland neu organisiert: Im Westen entstand die Bundesrepublik Deutschland (BRD) als eine parlamentarische Demokratie, an deren Spitze nach der ersten Bundestagswahl die CDU die Regie-

rung stellte und Konrad Adenauer zum Bundeskanzler wählte. Adenauer orientierte sich an dem militärisch entstehenden Bündnissystem des Westens, dem Nordatlantikpakt (North Atlantic Treaty Organisation, NATO), dem Deutschland am 6. Mai 1955 beitrat.
Aus der Sowjetzone entstand die am demokratischen Zentralismus der UdSSR orientierte Deutsche Demokratische Republik (DDR) unter der Herrschaft der Sozialistischen Einheitspartei Deutschlands (SED) mit Walter Ulbricht an der Spitze. Am 14. Mai 1955 wurde der »Vertrag über Freundschaft, Zusammenarbeit und gegenseitigen Beistand« zwischen den Volksrepubliken Albanien, Bulgarien, Polen, Rumänien, der Tschechoslowakei, Ungarn, der UdSSR und der Deutschen Demokratischen Republik abgeschlossen. Der Warschauer Pakt sollte die politische und militärische Zusammenarbeit des Ostblocks verbessern. Er bildete das Gegenstück zur NATO, deren Vertragsformulierungen zum Teil fast wörtlich übernommen wurden.
Die ideologisch unüberwindbar scheinende Grenze, der »Eiserne Vorhang«, schloss sich nun zwischen der marktwirtschaftlich demokratischen BRD und der planwirtschaftlich-sozialistisch ausgerichteten DDR.
Die Wiederbewaffnung Deutschlands wurde jahrelang kontrovers diskutiert. Doch als dann im Juni 1950 der Korea-Krieg ausbrach, in dem Nordkorea und die Volksrepublik China auf der einen Seite Südkorea und den UNO-Truppen (vor allem der USA) auf der Gegenseite gegenüberstanden, gaben die Westalliierten ihren bisherigen Kurs der Entmilitarisierung der BRD auf. Mit dem Korea-Krieg verschärfte sich unweigerlich auch die Blockkonfrontation in Europa, sodass eine Verstärkung der konventionellen NATO-Streitkräfte in Mitteleuropa für notwendig erachtet wurde.
Die USA überzeugten die NATO-Staaten (mit Ausnahme Frankreichs) von der Notwendigkeit, westdeutsche Soldaten zu rekrutieren. Der Vertrag zur Europäischen Verteidigungsgemeinschaft (EVG) scheiterte an der französischen Nationalversammlung. Fieberhaft wurde nach Lösungen gesucht. Der britische Außenminister Sir Anthony Eden lud am 28. September 1954 nach London zur Neunmächtekonferenz. Ziel: Die Bundesrepublik in das westliche Bündnissystem zu integrieren. Beteiligte Staaten: Großbritannien, Frankreich, Italien, BeNeLux-Länder, Deutschland sowie die NATO-Staaten USA und Kanada. Am 3. Oktober wurde das Verhandlungsergebnis unterzeichnet.
Darin wurden Italien und der Bundesrepublik der Beitritt zum Brüsseler Vertrag (kollektiver Beistandspakt / Westeuropäische Union/WEU) und Deutschland auch der Beitritt zur NATO ermöglicht. Die Bundesrepublik musste sich verpflichten, die Charta der Vereinten Nationen anzuerkennen. Außerdem musste sie erklären, in der Frage der Wiedervereinigung auf jegliche Gewalt zu verzichten. Der Bundesrepublik war es nun im Rahmen des Bündnisses gestattet, eine Armee von insgesamt 500.000 Mann aufbauen. Dabei musste sie aber auf atomare, biologische und chemische Waffen (ABC-Waffen) verzichten. Außerdem sicherten die westlichen Weltkriegsalliierten zu, das Besatzungsstatut so bald als möglich aufzuheben. Um etwaigem sowjetischen Hegemonialstreben vorzubeugen, sicherten Großbritannien, die USA und Kanada die Stationierung von Truppen zu.
Nun begann der eigentliche Aufbau der Bundeswehr. In zeitgenössischen Dokumenten noch als »bundesdeutsche Wehrmacht« bezeichnet, schien dem Sicherheitsausschuss des Deutschen Bundestages der Name »Bundeswehr« passender. Am 7. Juni 1955 wurde das vormalige »Amt Blank« mit Theodor Blank als erstem Verteidigungsminister in »Bundesministerium für Verteidigung« umbenannt. Noch im selben Jahr wurden erste Wehrgesetze vom Deutschen Bundestag verabschiedet und der Aufstellungsplan durch die Bundesregierung verkündet. Der Plan sah vor, dass bis zum Januar 1959 der Aufbau des Heeres und bis Januar 1960 der Aufbau von Luftwaffe und Marine fertiggestellt sein sollte. Die voraussichtlichen Gesamtkosten wurden mit 51 Milliarden DM (ca. 25 Milliarden Euro) beziffert.
Am 12. November 1955 überreichte Theodor Blank den ersten 101 freiwilligen Soldaten ihre Ernennungsurkunden. Anfang des darauf folgenden Jahres wurden die ersten drei Standorte in Betrieb genommen und insgesamt 1000 Soldaten stationiert:

- Heer: Andernach
- Luftwaffe: Nörvenich
- Marine: Wilhelmshaven

Das erste Transportflugzeug der jungen deutschen Luftwaffe nach dem Zweiten Weltkrieg, die Noratlas. Ausgestellt auf dem Gelände des Luftwaffenmuseums der Bundeswehr in Berlin-Gatow. *(Foto: Rosario Van Tulpe, GFDL)*

Mit der Wahl des 12. Novembers als Tag der Gründung der neuen bundesdeutschen Streitkräfte zeigte sich bereits, in welcher Tradition die Bundeswehr stehen sollte: Dieser Tag war der 200. Geburtstag des preußischen Generals Gerhard von Scharnhorst der sich um die preußische Heeresreform von 1807 bis 1813 verdient gemacht hatte. Darin hervorzuheben ist die Schaffung eines Reservisten- und Wehrpflichtsystems, das auf dem Gedanken basiert, »jeder Bürger eines Staates müsse zugleich dessen geborener Verteidiger sein«.

1956 wechselten 9572 der zirka 17.000 Beamten des damals noch militärisch gegliederten Bundesgrenzschutzes (heute Bundespolizei) freiwillig zur Bundeswehr. Da die junge Bundeswehr auf erfahrene Offiziere angewiesen war und man kaum auf »unbelastete« Vergangenheiten stieß, wurden Offiziere vom Oberst aufwärts durch einen Personalgutachterausschuss überprüft. Ein Gremium aus 38 Persönlichkeiten des öffentlichen Lebens, die vom Bundespräsidenten auf Vorschlag der Bundesregierung und nach Bestätigung durch den Bundestag ernannt worden waren, prüfte 600 Bewerber. Auf den Vorwurf, alle hohen Offiziere der Bundeswehr hätten auch schon in der Wehrmacht gedient, antwortete Bundeskanzler Adenauer schlagfertig, die NATO nehme ihm keine 18-jährigen Generale ab.

The First – Die ersten Fallschirmjäger der Bundeswehr

Der Aufstellungsbefehl Nummer 21 des Heeres vom 3. Juli 1956 gilt als Geburtsstunde der Luftlande- und Gebirgsjägereinheiten. Gemäß diesem Befehl traf bereits am 16. Juli 1956 das Vorkommando des Luftlande-Jägerbataillons 106 in der Mühlenbergkaserne Ellwangen ein. Die ersten Fallschirmspringer wurden ab dem 4. November an der Springerschule der 11. US Airborne Division in Augsburg ausgebildet. Unter ihnen befand sich auch der Bataillonskommandeur Oberstleutnant Erich Timm, der den Fallschirmspringerschein der Bundeswehr mit der Nummer 1 erhielt.

Doch kaum neigte sich das Jahr dem Ende zu, erreichte die Fallschirmtruppe am 23. November ein neuer Heeresbefehl, versehen mit der Nummer 23: Aus Teilen des kurz zuvor aufgestellten Luftlande-Jägerbataillons 106 sollte bis zum 2. Januar 1957 die 1. Luftlandedivision aufgestellt werden. Sitz des Stabes wurde Esslingen. Erste Springerlehrgänge unter deutscher Leitung wurden ab April 1957 in München-Freimann durchgeführt. Die Orte Riedlingen, Münsingen und Zwiefalten bildeten den Raum für die erste große Gefechtsübung unter der Leitung der 1. Luftlandedivision.

1958 öffnete Altenstadt in Oberbayern als neue Luftlande- und Transportschule die Pforten für die angehenden Fallschirmjäger. Prominentester Gast an diesem Tag war Bundeskanzler Konrad Adenauer. Die Nord Noratlas 2501, kurz »NORA« genannt, das erste Transportflugzeug der jungen Bundeswehr, beförderte die Springer, die vor staunendem Publikum ihr Können demonstrieren sollten, in die Lüfte. NORAs wurden sowohl vom französischen Hersteller Nord Aviation gekauft als auch in Lizenz vom Bremer Luft- und Raumfahrtunternehmen Vereinigte Flugtechnische Werke (VFW) und der Hamburger Flugzeugbau GmbH (HFB) gebaut.

Aufgaben der Noratlas waren der Lufttransport von Material sowie das Absetzen von Fallschirmjägern. Die Luftwaffe flog mit der Nord 2501 diverse humanitäre Hilfseinsätze: 1965 in Algerien und Mauretanien, 1968 Sizilien und Biafra, 1969 in Algerien und Tunesien sowie 1963, 1966 und 1970 in die Türkei. Häufig waren an diesen Hilfsflügen auch Truppenteile der 1. Luftlandedivision beteiligt.

Es gab jedoch über das normale Maß hinaus Schwierigkeiten mit den Maschinen, die in Frankreich gefertigt und nach Deutschland geliefert wurden, sodass zeitweise ein Flugverbot verhängt wurde. Der Spiegel kommentierte in einem zeitgenössischen Bericht: »Das Flugverbot für diese 25 Maschinen wurde verhängt, weil die Kraftstofftanks gelegentlich Risse hatten, Leitungen brachen, Steuerungsorgane versagten und Funkanlagen ausfielen; die Röhren stammten offenbar aus französischen Beutebeständen des letzten Krieges, jedenfalls trugen sie den Prüfstempel des großdeutschen Reichsluftfahrtministeriums.«

Die Nord 2501 wurde ab 1968 von der Transall C-160 abgelöst. 1995 wurde in Frankreich die NORA mit der Nr. 105 von Flugzeugliebhabern wieder flugtauglich gemacht.

Moderner wurde es dann mit Drehflüglern wie dem Utility Helicopter (UH) 1 »Iroquois«, einem leichten Mehrzweckhubschrauber der US Army von Bell Helicopters. Erfolgreich wurde jedoch erst das Modell 205, das ab 1965 als UH-1D in die Produktion ging. Durch eine besondere Anordnung der Treibstofftanks schuf man Raum für 14 Passagiere oder sechs Tragen. Dornier baute für die deutsche Bundeswehr 352 Stück von diesem Typ in Lizenz.

Die Luftlandedivison und ihre Truppenteile

Die Luftlandedivision (LLDiv) wurde als Kampftruppe mit luftbeweglicher, panzerabwehrstarker Infanterie und luftgestützter Feuerkraft (Kampfunterstützung) im Verbund mit Fallschirmjägern und Heeresfliegern konzipiert. Ihre Kräfte konnten unabhängig von Geländehindernissen, Verwüstungen oder Kontaminationen eingesetzt werden. Die Beweglichkeit über weite operative Entfernungen und die eigene Luftverteidigung verminderten die Verwundbarkeit dieses Großverbandes im Vergleich zu den Panzer- und Panzergrenadierdivisionen mit ihren großen Marschkolonnen. Zu den besonderen Stärken der Luftlandedivision zählen:

- Fähigkeit zur raschen Projektion von Abwehr- und Kampfkraft über große Entfernungen
- Möglichkeit der raschen Schwerpunktverlagerung
- Vielseitigkeit in Ausrüstung und Bewaffnung
- Unabhängigkeit von Geländehindernissen
- Große Flexibilität in Krisenlagen

Als damals einziger Großverband des deutschen Heeres war die 1. Luftlandedivision durch ihre Luftbeweglichkeit zum Einsatz im gesamten Bun-

Zusammensetzung der 1. Luftlandedivision

- Stab und Stabskompanie (St/StKp)
- Luftlandekampftruppe (LLKpfTr) 9
- Luftlandekampftruppe (LLKpfTr) B 9
- Luftlande-Fernmeldekompanie (LLFmKp) 9
- Luftlande-Panzeraufklärungskompanie (LLPzAufklKp) 9
- Luftlande-Jägerbataillon (LLJgBtl) 9
- Luftlande-Jägerbataillon (LLJgBtl) 19
- Luftlande-Jägerbataillon (LLJgBtl) 29
- Luftlande-Artilleriebataillon (LLArtBtl) 9
- Luftlande-Panzerjägerbataillon (LLPzJgBtl) 9
- Luftlande-Flugabwehrartilleriebataillon (LLFlaArtBtl) 9
- Luftlande-Pionierkompanie (LLPiKp) 9

Am 23. April 1958 konnte die Division in die NATO eingebunden werden. Danach folgte mit der Umsetzung der Heeresstruktur ab dem 16. März 1959 die Umbenennung in »Fallschirmjägerbrigaden 25 und 26«.

Divisionstruppen der 1. Luftlandedivision (Ende 1961)

- Luftlandefernmeldebataillon (LLFmBtl) 9
- Panzerbataillon (PzBtl) 273
- Fallschirm-Panzerjägerkompanie (FschPzJgKp) 250
- Fallschirm-Panzerjägerkompanie (FschPzJgKp) 260
- Fallschirmjägerbataillon (FschJgBtl) 251
- Fallschirmjägerbataillon (FschJgBtl) 252
- Fallschirmjägerbataillon (FschJgBtl) 261
- Fallschirmjägerbataillon (FschJgBtl) 262
- Fallschirmjägerbataillon (FschJgBtl) 291 (später der 10. Panzerdivision unterstellt)
- Luftlandefeldjägerkompanie (LLFjgKp) 9
- Luftlandepionierbataillon (LLPiKp) 9
- Luftlandeartillerieregiment (LLArtRgt) 9
- Fallschirmartilleriebataillon (FschArtBtl) 255
- Fallschirmartilleriebataillon (FschArtBtl) 265
- Luftlandeflugabwehrbataillon (LLFlaBtl) 9
- Heeresfliegerstaffel (HFlgStff) 9
- Heeresmusikkorps (HMusKorps) 9

desgebiet geeignet und weiträumig disloziert worden. Die 1. Luftlandedivision gehörte dem II. Korps an.

Als Primärwaffe wurde das Gewehr G3 der Firma Heckler und Koch in der Bundeswehr ab 1959 eingeführt, für den Fallschirmsprungdienst mit einem einklappbaren Schaft. Das Funktionsprinzip dieser Waffe, die über eine sehr hohe Durchschlagskraft verfügt, entspricht dem eines automatischen/halbautomatischen Rückstoßladers mit halbstarrem Rollenverschluss. Nachteilig war allerdings der relativ starke Rückstoß des G3.

G3	
Einführungsjahr:	1959
Kaliber:	7,62 mm
Hülsenlänge:	51 mm
Patrone:	7,62 mm x 51 mm
Mündungsgeschw. (V_0):	780–800m/s
Rohrprofil:	4 Züge und Felder, rechts
Rohrlänge:	450 mm 108 mm
Gewicht mit gefülltem Magazin:	4,85 kg
Kampfentfernung:	bis 400 m
Anzahl Patronen im Magazin:	20
Kadenz:	550 Schuss/min
Baugruppen:	Rohr mit Gehäuse und Anbauteilen Verschluss Handschutz Magazin Griffstück mit Abzugseinrichtung und Sicherung Bodenstück mit Schulterstütze
Verschluss:	Verschlussträger Verschlusskopf Steuerstück Schlagbolzen

Immense Feuerkraft, jedoch kräftiger Rückstoß: Das G3. 1959 als Standardgewehr in der Bundeswehr eingeführt, wurde es in den 90er Jahren mit Beginn der Auslandseinsätze durch das G36 ersetzt, das die Vorteile von größerer Präzision mit leichterer Bedienbarkeit, sowie geringerem Gewicht vereinigt, jedoch nicht über die Durchschlagkraft wie das G3 verfügt.

1961 setzte die Bundesrepublik Deutschland Teile der Division nach dem schweren Erdbeben in Marokko zur humanitären Hilfe ein. Ein Jahr später wurde die erste deutsch-französische Fallschirmjägerübung »Colibri« durchgeführt, die bis zur Auflösung der Division im jährlichen Wechsel in Deutschland oder in Frankreich wiederholt wurde.

Lange bevor die Auslandseinsätze der Bundeswehr begannen, stellte die 1. Luftlandedivision den deutschen Anteil zur Landkomponente der Allied Command Europe Mobile Force (AMF) mit Einsatzräumen vom Nordkap und den Ostseeausgängen über Norditalien und Griechenland bis in die Ost-Türkei. Die Division verfügte hierzu über eine eigene Generalstabsabteilung. Für Einsätze in arktischen und subtropischen Regionen waren die einzusetzenden Kräfte mit optimaler Ausrüstung ausgestattet. Die wertvollen Erfahrungen aus über drei Jahrzehnten AMF bildeten eine wesentliche Grundlage für die ersten Auslandseinsätze in den 90er Jahren.

Am 16. Oktober 1964 verlegten der Divisionsstab sowie das Luftlandefernmeldebataillon 9 und die Luftlandefeldjägerkompanie 9 nach Bruchsal (Divisionsbefehl für die Verlegung vom 27. August 1964).
Im Rahmen der Überführung in die Heeresstruktur 3 wurde durch den Divisionsbefehl Nr. 1 vom 19. Februar 1970 die Fallschirmjägerbrigade 27 als nunmehr dritte Brigade der Division in Lippstadt aufgestellt. Diese Brigade konnte bei der Aufstellung auf das bereits 1961 in Wildeshausen außerhalb der Division durch das 1. Korps aufgestellte FschJgBtl 303 – später 272 –und das von Stetten am kalten Markt nach Iserlohn verlegte FschJgBtl 291 – später 271 – zurückgreifen.
Zum 1. Oktober 1971 erfolgte die Umbenennung der Fallschirmjägerbrigaden in Luftlandebrigaden. Der Division unterstanden mit jeweils drei Fallschirmjägerbataillonen und einem Fallschirmersatzbataillon die:

- Luftlandebrigade 25 Calw
- Luftlandebrigade 26 Saarlouis (vorher Zweibrücken)
- Luftlandebrigade 27 Lippstadt

Technische Neuheiten

In den 1970er Jahren erfuhr die 1. Luftlandedivision eine wesentliche Kampfkraftsteigerung durch die damals neuen Panzerabwehrlenkraketensysteme »Missile d'Infanterie léger antichar« (MILAN) und »Tube Launched Optically Tracked Wire Guided Missile« (TOW). Das MILAN-System wurde in deutsch-französischer Kooperation entwickelt. Nachdem die USA bereits die TOW-Panzerabwehrlenkflugkörper entwickelt hatten, setzte die europäische Waffenschmiede Euromissile auf ein eigenes System, das auf das europäische Gelände und die zu erwartenden Sichtstrecken ausgelegt sein sollte. Zur gleichen Zeit wurde die Beweglichkeit der Luftlandetruppe nach der Luftlandung durch die Einführung des »Kraftkarrens« (KraKa) deutlich verbessert.

Der damals trendige Kraftkarren. Zu sehen in der Wehrtechnischen Studiensammlung, Koblenz.

Wiesel mit 20-mm-Maschinenkanone. *(Foto: Rheinmetall Defence)*

Das leichte und mit wenigen Handgriffen zur Luftverlastung zusammenklappbare Fahrzeug verfügte über vier Niederdruckreifen und war mit einem auf 26 PS gedrosselten BMW-Boxermotor ausgerüstet. Rund 750 Kilogramm Last konnten damit transportiert werden.
Die über lange Jahre durch die Division angestrebte wesentliche Steigerung der Beweglichkeit nach der Luftlandung wurde erst durch die Einführung des luftverlastbaren gepanzerten Waffenträgers Wiesel erreicht.

Die letzten Jahre bis 1994

Durch die Wiedervereinigung Deutschlands am 3. Oktober 1990 und die Auflösung des Warschauer Paktes am 1. Juli 1991 ergaben sich auch für die Luftlandedivision einschneidende Veränderungen. Mit dem Mauerfall verschwand nicht nur die Grenze zum Gegner, der Gegner selbst wurde zum Kameraden: Fallschirmjäger, die früher auf der anderen Seite der Grenze agierten, wurden bei entsprechender Eignung in die Bundeswehr integriert. Die Integration ging zügig und loyal vonstatten.
Mit Einführung der Heeresstruktur 5 »Neues Heer für neue Aufgaben« wurde zunächst die Luftlandebrigade 27 aus dem Verband der 1. Luftlandedivision herausgelöst und zum 1. Oktober 1991 dem I. Korps in Münster direkt unterstellt. Die Unterstellung der Luftlandebrigaden unter die Korps erwies sich jedoch als nicht zufriedenstellend. Mit der späteren Unterstellung unter das Kommando Luftbewegliche Kräfte (KLK) wurde die Situation wieder in die richtige Richtung gesteuert.
Von April bis Juni 1991 erfolgte, mitten in der Phase der Entscheidung zur Auflösung der Division, ein Einsatz im Iran. Die Division wurde mit der Koordinierung aller Hilfsmaßnahmen für kurdische Flüchtlinge betraut und erhielt den Auftrag zur Führung der für diese Operation zusammengestellten Kräfte der Luftwaffe und des Heeres.
1994 erfolgte nach der Unterstützung des Somalia-Einsatzes die Auflösung der gesamten Luftlandedivision.

Krisenreaktionskraft nach der Wiedervereinigung – Kommando Luftbewegliche Kräfte / 4. Division

1. Juli 1994 – 20. März 2001

Wappen des Kommandos Luftbewegliche Kräfte / 4. Division.

Im selben Jahr wurden Politiker und Führungsstäbe der Bundeswehr jäh wachgerüttelt, als im April 1994 elf Mitarbeiter der Deutschen Welle in der ruandischen Hauptstadt Kigali in Lebensgefahr gerieten. Rebellen hielten die Deutschen in ihrer Sendestation fest. Sie wurden letztendlich von belgischen Fallschirmjägern gerettet und evakuiert. Wegen politischer Bedenken und angeblich nicht ausreichender Befugnisse durften die deutschen Fallschirmjäger nicht selbst eingreifen.

Nachdem diese Krise glücklich überstanden war, waren sich Politiker und Bundeswehr darüber im Klaren, dass in diesem Bereich Nachsteuerung dringend nötig war. Bereits in den Jahren zuvor war Deutschland bei ähnlichen Einsätzen auf die Hilfe befreundeter Staaten angewiesen, so bei Evakuierungen 1990/91 im Irak, Saudi-Arabien und Israel, 1991 in Kinshasa/Kongo oder 1994 im Jemen.

Die drei Luftlandebrigaden hatten bereits ab 1988 in Eigeninitiative der 1. Luftlandedivision mit der Aufstellung von je einer Kommando-Kompanie begonnen. Es fehlten jedoch noch die politischen und konzeptionellen Voraussetzungen sowie ein Großteil an Ausrüstung – und mit dem Wegfall des Kommandos der 1. Luftlandedivision auch ein Nukleus an Führungsstruktur. Doch das sollte sich ändern.

Die bisherigen Aufgaben der Division und die Führung der Luftlandebrigaden wurden von dem aus der aufgelösten 4. Panzergrenadierdivision und der 1. Luftlandedivision neu aufgestellten Kommando Luftbewegliche Kräfte / 4. Division (KLK) ab dem 1. Juli 1994 in Regensburg übernommen. Das Kommando stellte eine Dienststelle auf Divisionsebene dar. Das KLK führte die Luftlandebrigaden 26 (Saarland) und 31 (Oldenburg) als vorgesetzte Dienststelle sowie das Fernmelderegiment 4 und ab 1996 auch das Kommando Spezialkräfte (KSK), das aus der Luftlandebrigade 25 geformt worden war.

Schwerpunktaufgabe für das KLK war das Stellen des »Nationalen Befehlshabers im Einsatzland« sowie die Sicherstellung der nationalen Führungsfähigkeit bei Einsätzen unter der Heeresleitung. Ganz generell grhörte dazu die Wahrnehmung deutscher Interessen bei Einsätzen außerhalb der Bundesrepublik Deutschland. Im Wortlaut hieß es: »Der Stab des Kommandos Luftbewegliche Kräfte und 4. Division plant, bereitet vor und führt die Einsätze deutscher Truppenteile im Rahmen kollektiver Sicherheitsbündnisse der Landes- und Bündnisverteidigung sowie humanitärer Hilfeleistungen, Rettungs- und Evakuierungseinsätze. Als taktischer Stab ist er zur Führung luftbeweglicher Kräfte des Heeres befähigt.«

Das Kommando nahm seine Aufgabe mehrfach im Rahmen von »Implementation Force« (IFOR) und »Stabilisation Force« (SFOR) im ehemaligen Jugoslawien mit wesentlichen Teilen des Stabes und den unterstellten Truppen wahr. Daneben war das »Kommando Nationaler Befehlshaber« bei der Brandkatastrophe in Griechenland 1995 vertreten. Teile dieser Führungsaufgaben werden heute vom Einsatzführungskommando wahrgenommen.

Kommando Luftbewegliche Kräfte / 4. Division

Luftlandebrigade 26 Saarlouis

- Fallschirmjägerbataillon (FschJgBtl) 261 / Lebach
- Fallschirmpanzerabwehrbataillon (FschPzAbwBtl) 262 / Merzig
- Fallschirmjägerbataillon (FschJgBtl) 263 / Zweibrücken
- Luftlandepionierkompanie (LLPiKp) 260 / Saarlouis
- Luftlandemörserkompanie (LLMrsKp) 260 / Lebach
- Luftlandeversorgungskompanie (LLVerKp) 260 / Merzig
- Luftlandesanitätskompanie (LLSanKp) 260 / Lebach

Luftlandebrigade 31 Oldenburg

- Fallschirmjägerbataillon (FschJgBtl) 313 / Varel
- Fallschirmjägerbataillon (FschJgBtl) 314 / Oldenburg
- Fallschirmpanzerabwehrbataillon (FschPzAbwBtl) 272 / Wildeshausen
- Luftlandepionierkompanie (LLPiKp) 270 / Wildeshausen
- Luftlandemörserkompanie (LLMrsKp) 270 / Wildeshausen
- Luftlandeversorgungskompanie (LLVersKp) 270 / Oldenburg
- Luftlandesanitätskompanie (LLSanKp) 270 / Varel

Fallschirmjägerbataillon 373 / Doberlug Kirchhain

Als Teil der »Jägerbrigade 37, Freistaat Sachsen« unterstand das Fallschirmjägerbataillon 373 keiner Luftlandebrigade. Die Jägerbrigade 37, als damals einziger Großverband im östlichen Teil Deutschlands, gehörte zu den Krisenreaktionskräften Allied Comand Europe Mobile Force (AMF) / Land.

Luftlandefernmeldekompanie 9 / Dillingen Donau

Deutscher Anteil (AMF) / Land, der damals einzigen Immediate Reaction Force (IRF), die dem Supreme Allied Commander Europe (SACEUR), dem Oberkommandierenden des NATO-Hauptquartiers Europa, direkt unterstand und sich aus Truppenteilen von 17 der 19 zur NATO gehörenden Staaten zusammensetzte.

Das Verbandsabzeichen des KLK / 4. Division symbolisierte mit der hellblauen Grundfarbe die Möglichkeiten von Einsätzen im UN-Rahmen. Der schwarz-rot-goldene Balken stand für den »Nationalen Befehlshaber im Einsatzgebiet« als Kernauftrag des KLK. Die von WEU-Sternen umringte NATO-Rose dokumentierte die multinationalen Einsätze des KLK unter Führung dieser Organisationen. Der Fallschirm schließlich symbolisierte die truppendienstliche Führung der luftbeweglichen Kräfte des deutschen Heeres.

Am 20. März 2001 wurde das Kommando aufgelöst, zum 1. April wurden die Truppen der Division Spezielle Operationen (DSO) überstellt.

Fallschirmjäger der NVA – Die Willi-Sänger-Truppe

1960–1991

Die heutige Bundeswehr versteht sich als Armee der Einheit. Zahlreiche in der Bundeswehr integrierte Offiziere der ehemaligen NVA haben ihre Erfahrung als Fallschirmjäger in die neue Struktur mit eingebracht.
Am 1. März 1956 wurde in der DDR die Nationale Volksarmee (NVA), eine Freiwilligenarmee, gegründet. Es war das Ergebnis einer Entwicklung, die 1952 mit der Proklamation der Nationalen Streitkräfte begonnen hatte. In ihrem Verlauf wurden die Kasernierte Volkspolizei (KVP) sowie die Grundstrukturen einer Militärorganisation aufgebaut.
Der Aufbau vollzog sich ab 1955 unter Anleitung der Sowjetunion. Mitte 1956 befanden sich im 17.500 Mann starken Offiziersbestand der NVA etwa 2600 ehemalige Mannschafts- und 1600 Unteroffiziersdienstgrade sowie knapp 500 Offiziere der Wehrmacht. Die ehemaligen Offiziere wurden vorwiegend im Ministerium, an Schulen und in Kommandostellen der Teilstreitkräfte und Militärbezirke eingesetzt. Durch die Einführung der Wehrpflicht nach dem Bau der Mauer 1962 wurde es der NVA möglich, die angestrebte Personalstärke von zirka 170.000 Soldaten zu erreichen.

Einzige existierende Postkarte über die NVA-Fallschirmjäger, 1978. Die Karte wurde jedoch bald nach Erscheinen schon wieder aus dem Verkehr gezogen. *(Foto: Militärverlag/Archiv)*

Schwerpunkte der Gefechtsausbildung

- Herstellen einer höheren Stufe der Gefechtsbereitschaft.
- Überwinden der Sturmbahn.
- Bewegung über 20 bis 30 Kilometer unter Zeitdruck und ständiger Gegnereinwirkung.
- Aufklären eines Objektes und Angriff auf das Objekt.
- Einnahme und Vernichtung wichtiger Anlagen des Objektes.
- Schießen einer Übung nach Belastung.
- Überwinden eines Wasserhindernisses.
- Überwinden aktiver und befallener Geländeabschnitte.*
- Teilweise Spezialbehandlung (Dekontaminierung).
- Beziehen eines Abschnittes und Verteidigung des Abschnittes in einer festgelegten Zeit.
- Gefecht in der Einkreisung, Ausbruch und Lösen vom Gegner.
- Beziehen eines Sammelpunktes.
- Handlungen im Sammelpunkt.

* Als aktiv gilt ein Geländeabschnitt bei einem bevorstehenden Angriff, als befallen, wenn sich gegnerische Kräfte in ihm befinden.

Hart, härter, Härtekomplex!

Zweimal im Jahr hatten die Fallschirmjäger den sogenannten »Härtekomplex« zu absolvieren, einen Test, der als Bewährungsprobe für die Einheiten und als Erfolgskontrolle für die durchlaufene Sportausbildung galt. Es handelte sich um eine Ausdauertortur für Körper und Geist, natürlich gestaffelt nach Lebensjahren.

Der Härtekomplex bestand aus einer langen Abfolge körperlicher Belastungsstufen. Einer ersten Aufwärmphase mit Nahkampf schloss sich ein 5000-Meter-Lauf an, der in 30 Minuten absolviert werden musste, dann hieß es Eintauchen ins kühle Nass: Mit Knotenschwimmsack hatten die NVA-Fallschirmjäger 200 Meter See in nur 10 Minuten zu durchpflügen. Nach dem Umziehen folgte ein 20-Kilometer-Marsch, davon mussten sechs Kilometer mit Atemschutzmaske absolviert werden.

Endlich Pause? Fehlanzeige! Die Sturmbahn wartete: 400 Meter laufen und Hindernisse wie die Eskalationswand überwinden. Bescheidener Wunsch nach Erreichen des Ziels (O-Ton): »Ein Bier und Relaxen.«

Ausbildungszweig Sportausbildung

- Ausdauertraining
- Krafttraining
- Sturmbahn-, Nahkampf- und Handgranatenwurfausbildung
- Härtekomplex
- Komplexes Training mit Messerwerfen(!!!), Turnen, Spezialgeräte
- Nahkampfausbildung
- Training Batude, Triplex, Rhönrad

Die Fallschirmsprungausbildung wurde in alljährlich stattfindenden Sprunglagern mit der gesamten Truppe über einen Zeitraum von drei bis vier Wochen durchgeführt, kombiniert mit einer Bergsteigerausbildung im Harz, im Erzgebirge und im Thüringer Wald. Die Ausbildung wurde im jährlichen Wechsel im Sommer- beziehungsweise im Winterlager durchgeführt.

Nicht von Pappe. Der Sprungturm am Flugplatz von Halle-Oppin. *(Foto: Archiv)*

Sprungplätze waren Tutow bei Demmin, Barth, Ballenstedt, Burg, Wieck, Schoritz, Serams, Gingst, Kaiseritz auf Rügen oder Neustadt-Glewe bei Schwerin. In ihren letzten Jahren sprang die Willi-Sänger-Truppe mit maximal 22 Springern aus dem Hubschrauber Mi-8T, mit maximal zehn Springern aus dem Doppeldecker Antonow AN-2, genannt »Anna«, und mit maximal 30 Springern aus der Antonow AN-26T.

Die Sprunghöhen betrugen 300 Meter (Hubschrauber 400 Meter) bis 4000 Meter. Gebräuchliche Absetzgeschwindigkeiten lagen mit dem Mi-8T bei 120 bis 140 km/h, bei »Anna« zwischen 140 und 180 km/h und bei der AN-26T bei 300 bis 350 km/h.

Sprung aus einer Antonow. *(Foto: Archiv)*

Ausrüstung und Waffen

Die Schirme der NVA-Luftlander

Der erste Fallschirmsprungbetriebsdienst fand im September 1961 mit der Iljuschin-14 (IL-14) in Barth (Mecklenburg-Vorpommern) statt. Nicht jeder Soldat konnte mit einem Fallschirm ausgestattet werden, sodass die Ausrüstung an den nächsten übergeben werden musste. In den Anfängen wurde mit Schirmen des Typs PD-47, RS-1 und PS-41 gesprungen.

Wichtigste Fallschirmtypen im Truppenteil Willi Sänger

Typ	Kappe	Bahnen	Gewicht	Tragfähigkeit	Geschwindigkeit Einsatz-Lfz / Sink
PD47			15 kg	130 kg	bis 250 km/h / 5 m/s
RS1			15 kg	130 kg	bis 250 km/h / 5 m/s
RS4/3	74 m^2	30	13 kg	130 kg	100-250 km/h / 4–4,5 m/s
RS4/4	73,4 m^2	30	16 kg	130 kg	100-360 km/h / 4–4,5 m/s
RS9	66 m^2	26	16 kg	50–130 kg	100–400 km/h / 5 m/s
RS9/2A	66 m^2	26	15 kg	50–130 kg	100–400 km/h / 4,8–5 m/s
BE-8	41,5 m^2		5,5 kg	50–100 kg	50–180 km/h / 4,6–6,5 m/s
RE-8/5	45,7 m^2		10 kg	bis 100 kg	bis 300 km/h / bis 6,6 m/s
RL 10/2ST				bis 150 kg	/ 4–3 m/s
RL 12/2			12 kg	bis 150 kg	100–400 km/h / 4–3 m/s
RL 16			10 kg	bis 150 kg	100–400 km/h / 4–3 m/s

Letzte Vorbereitungen der Willi-Sänger-Truppe für einen Fallschirmsprung aus einer Antonow 12. *(Foto: Archiv)*

Art

Sprungschirm 1950, UDSSR
Sprungschirm 1965
Stabilisierter Automat, 1970
Stabilisierter Automat, 1975
Stabilisierter Automat, 1978
Stabilisierter Automat, 1980
Rettungsschirm, 1970
Rettungsschirm, 1980, steuerbar
Rechteck-Form, 1970
Gleitfallschirm, 1981
Stauflügelgleitfallschirm, 1985

Die Uniformen der NVA-Fallschirmjäger

Ausgeh- und Paradeuniform mit orangefarbenem Barett.
(Foto: Archiv)

So steingrau und unauffällig das Barett der Fallschirmjäger zum Dienstanzug getragen wurde, so schillernd hob es sich orangefarben zur Ausgeh- und Paradeuniform ab. Auf dem Kragenspiegel derselben Farbe war ein silberner Fallschirm mit Schwinge zu sehen. Man trug Koppel mit Schloss und im Winter Uniformmantel mit Diensthandschuhen. Bei der Ausgehuniform tauschte man die Schnürstiefel gegen Halbschuhe oder Stiefeletten.
Offiziere trugen Uniformen aus feinem Kammgarn und Hosen mit weißer Biese. Die Koppel war braun mit Schnalle am Dienstanzug, und am Ärmel prangten Patten in der Waffenfarbe Orange. Dazu trugen sie den Offiziersehrendolch der Landstreitkräfte.
1964 war die Uniform mit Keilüberfallhosen und Sprungstiefeln der Waffengattung entsprechend entworfen worden. Im Herbst 1969 kam es dann mit dem Befehl Nr. 124/69 zur Ausgeh- und Paradeuniform mit offener Fasson. Zum silbergrauen Uniformhemd wurde ein dunkelgrauer Binder getragen.
Ursprünglich basierten die Uniformen auf denen der Wehrmacht, wurden aber an sowjetische Uniformprinzipien angepasst und weiterentwickelt. In den Anfangsjahren trugen die Fallschirmjäger der NVA noch den Felddienstanzug der Aufklärer. Auf blaugrauem Grundton waren Tarnmuster in Hellgrün, Dunkelgrün und Braun aufgedruckt. Die Koppelausrüstung bestand aus einer Magazintasche, zwei unterschiedlichen Sturmgepäcktaschen, Feldflasche, ABC-Schutzmasken-Taschen sowie Tragegestell, Gurtkoppel und Bajonett. Als Kopfschutz ersetzte eine Lederhaube den Stahlhelm. Er wurde in späteren Jahren als »polnischer Fallschirmjäger-Stahlhelm« wieder eingeführt.
Doch die Führung der Landstreitkräfte kam bald zu dem Schluss, dass der besondere Status der Fallschirmjäger auch durch besondere Ausstattung aller Uniformarten zum Ausdruck gebracht werden müsste. Das Rennen machte ein neuer, spezieller Felddienstanzug (Sprungkombination) für Aufklärer und Fallschirmjäger, im Vierfarbentarndruck gearbeitet, dessen Jacke und Hose aus einem Mischgewebe bestand. Polsterungen an Ellbogen und Knien sorgten für ein vermindertes Verletzungsrisiko bei der Landung, zusätzlich ga-

Unterschiedliche Parade- und Ausgehuniformen (v.l.n.r.): Berufsoffizier, Unteroffizier auf Zeit / Mannschaften, Paradeuniform Offizier (Ehrenschnur seit Mitte der 70er Jahre), Paradeuniform für Fahnenoffizier (ohne Säbel, der zur Fahne getragen wird), Paradeuniform Unteroffiziere / Mannschaften auf Zeit. *(Foto: Archiv)*

rantierten die Anzüge hohe Beweglichkeit, geringes Gewicht sowie Wärme- und Nässeschutz. Als Sprungschuhe kamen Schnürstiefel zum Einsatz. Der Transportsack ersetzte das Sturmgepäck. 1972 führte eine weitere Überarbeitung der Uniform zu einem vierteiligen Kampfanzug (Jacke, Hose, Kampfweste, Regenjacke), bedruckt im »Ein-Strich/Kein-Strich-Tarnmuster«. Die Kampfweste war anfangs durch drei, ab Mitte der 80er Jahre durch zwei Karabinerhaken verschlossen. Das permanent in die Weste eingezogene Koppel ermöglichte dem Fallschirmjäger, seine Ausrüstung in Sekundenschnelle an- oder abzulegen.

Am 22. Dezember 1966 wurde mit dem Befehl Nr. 82/66 des Ministers für Nationale Verteidigung das Fallschirmsprungabzeichen der NVA genehmigt. Im Oktober 1967 wurde das erste seiner Art einem Soldaten verliehen, der seinen zehnten Fallschirmsprung absolviert hatte. Zusätzlich gab es Sprungzahl-Anhänger für den 15., 25., 30., 40., 50., 75., 100., 150., 200., 300., 500., 900., 1000. und 1500. Sprung.

Die Bewaffnung der NVA-Luftlandetruppe

Die Standardbewaffnung der Fallschirmjäger der Nationalen Volksarmee entstammte bis auf wenige Ausnahmen der Waffenfamilie Kalaschnikow. Michail Timofejewitsch Kalaschnikow produzierte in seiner Waffenfabrik in Ischewsk am mittleren Ural Waffen, die in der Folge sogar den Weltmarkt erobern sollten. Heute lebt der »Held der sozialistischen Arbeit« zurückgezogen von einer bescheidenen Pension.

Selbstladekarabiner SKS 45 Simonow

Entwickler/Hersteller:	Sergei Gawrilowitsch Simonow / Tulski Oruscheiny Sawod (TOS)
Entwicklungsjahr:	1944
Herstellerland:	Sowjetunion
Gesamtlänge:	1020 mm
Gewicht (mit leerem Magazin):	3,75 kg
(mit maximaler Ausrüstung):	3,92 kg
Lauflänge:	520 mm
Kaliber:	7,62 x 39 mm
Mögliche Magazinfüllungen:	10 Patronen
Munitionszufuhr:	festes Kastenmagazin, Ladestreifen
Effektive Reichweite:	400 m
Maximale Schussweite:	1000 m
Kadenz:	40 Schuss/min
Feuerarten:	Halbautomatik
Mündungsgeschwindigkeit (V_0):	735 m/s
Mündungsenergie (E_0):	2150 Joule
Anzahl Züge:	4
Drall:	Rechts
Visier:	Kimme und Korn
Verschluss:	Kippblockverschluss
Ladeprinzip:	Gasdrucklader

Selbstladekarabiner SKS Simonow, zu sehen in der Wehrtechnischen Studiensammlung, Koblenz.

Sein Landsmann, Sergei Gawrilowitsch Simonow, arbeitete bereits vor dem Zweiten Weltkrieg an Selbstladegewehren. Sie überzeugten die »Rote Armee« und in ihren Anfängen auch die NVA.

Nikolai Fjodorowitsch Makarow schuf mit der gleichnamigen Pistole die Ordonanzwaffe der Sowjetarmee und für viele Länder die Standardwaffe von Polizei und Militärs. Der begeisterte Sportschütze Jewgeni Fjodorowitsch Dragunow entwarf das Dragunow-Scharfschützengewehr auf Basis des von Kalaschnikow entwickelten AK-47.

Auch der Generalmajor des Artillerie-Ingenieurdienstes und Held der sozialistischen Arbeit Wassili Alexejewitsch Degtjarjow entwickelte eine Reihe verschiedener Typen von Maschinengewehren, darunter leichte wie das MG DP (1927) und das MG RPD (1944), aber auch schwere wie das MG DSchK (1938).

Makarow-Pistole PM

Einsatzland:	Russland
Entwickler / Hersteller:	Nikolai Fjodorowitsch Makarow / Izhmasch, Russland; VEB Fahrzeug- und Jagdwaffenwerk Ernst Thälmann, Suhl, DDR; Norinco, China; Arsenal, Bulgarien; Suhler Jagd- und Sportwaffen GmbH, Deutschland
Waffenkategorie:	Pistole
Gesamtlänge:	161 mm
Gesamthöhe:	126,75 mm
Gesamtbreite:	30,5 mm
Gewicht (mit leerem Magazin):	0,730 kg
(mit maximaler Ausrüstung):	0,806 kg
Visierlänge:	130 mm
Lauflänge:	93 mm
Kaliber:	9,2 x 18 mm
Mögliche Magazinfüllungen:	8 Patronen
Effektive Reichweite:	50 m
Kadenz:	30–35 Schuss/min
Mündungsgeschwindigkeit (V_0):	315 m/s
Anzahl Züge:	4
Drall:	Rechts

Pistole Makarow. *(Foto: Archiv)*

Maschinenpistole AKM Kalaschnikow, Mpi kmS

Kaliber:	7,62 x 39 mm
Gesamtlänge:	645/870 mm
Gewicht:	4,3/4,8 kg
Einsatzschussweite:	300 m
Feuergeschwindigkeit:	600 Schuss/min
Magazin:	30 Patronen
Einführungszeit:	Anfang 60er Jahre
Eingeführt:	in allen Einheiten des Verbandes Willi Sänger

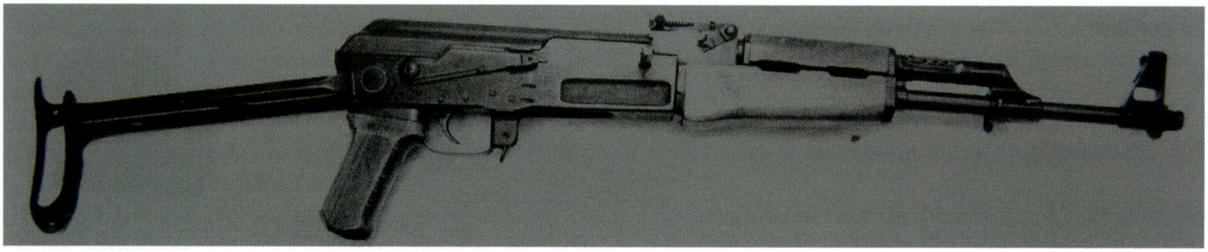

Maschinenpistole AKM Kalaschnikow, Mpi kmS. *(Foto: Archiv)*

Maschinenpistole AKS-74 Kalaschnikow

Kaliber:	5,45 x 39 mm
Gesamtlänge:	690/949 mm
V_0:	900 m/s
Gewicht:	3,1/3,6 kg
Lauflänge:	415 mm
Einsatzschussweite:	300 m
Funktionsprinzip:	Gasdrucklader
Feuergeschwindigkeit:	650 Schuss/min
Magazin:	30 Patronen
Einführungszeit:	1985
Eingeführt:	in allen Einheiten des Verbandes Willi Sänger

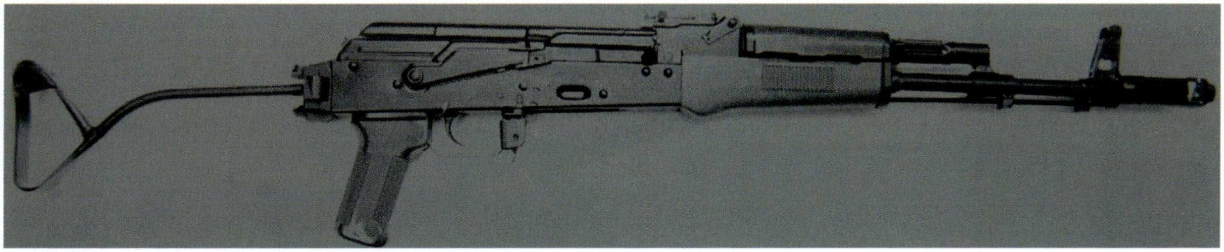

Maschinenpistole AKS-74 Kalaschnikow. *(Foto: Archiv)*

Scharfschützengewehr SWD Dragunow

Kaliber:	7,62 mm
Gesamtlänge:	1225 mm
Masse:	4,30 kg (mit Zielfernrohr, ungeladen)
Einsatzschussweite:	800 m (1300)
Funktionsprinzip:	Gasdrucklader
Patrone:	7,62 mm x 54 R
Magazin:	10 Patronen
Einführungszeit:	1961
Eingeführt:	Fallschirmjäger-Kompanien (einmal pro Gruppe)

Scharfschützengewehr SWD Dragunow mit Zielfernrohr (unten), automatisches Gewehr AK 47 mit Zielfernrohr (oben). Zu sehen in der Wehrtechnischen Studiensammlung, Koblenz.

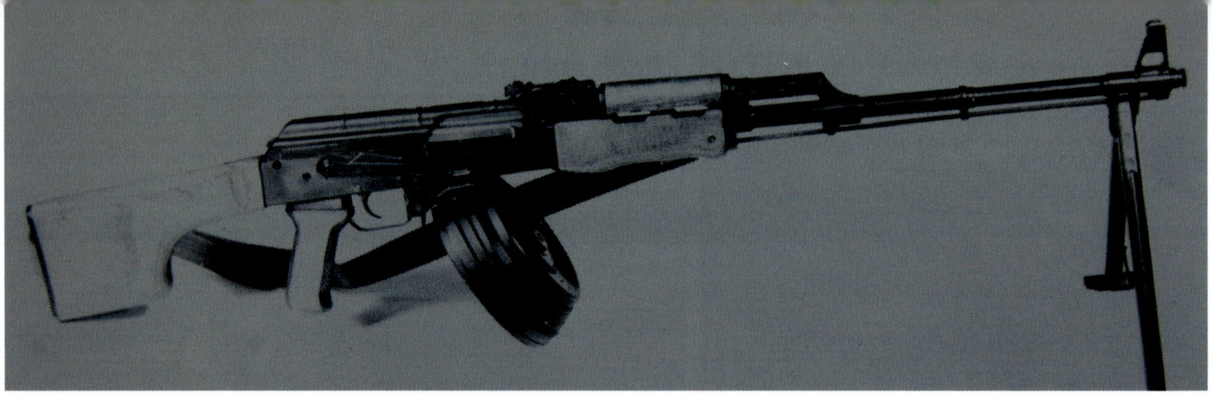

Leichtes Maschinengewehr Kalaschnikow RPK. *(Foto: Archiv)*

Maschinengewehr RPD Degtjarjow

Kaliber:	7,62 x 39
Gesamtlänge:	1037 mm
Gewicht:	7,4/9,8 kg
Einsatzschussweite:	800 m
Funktionsweise:	Gasdrucklader
V_0:	735 m/s
Lauflänge:	520 mm
Feuergeschwindigkeit:	650 Schuss/min
Munitionsführung:	Gurte im Trommelmagazin / 100 Schuss
Einführungszeit:	1960
Eingeführt:	Fallschirmjäger-Kompanien, Luftsturmkompanien (einmal pro Gruppe)

Leichtes Maschinengewehr Kalaschnikow RPK

Kaliber:	7,62 x 39 mm
Gesamtlänge:	1040 mm
Gewicht:	7,5 kg
Einsatzschussweite:	800 m
V_0:	745 m/s
Lauflänge:	591 mm
Feuergeschwindigkeit:	600 Schuss/min
Munitionsführung:	Trommel- und Kurvenmagazin 40/75 Schuss
Einführungszeit:	Anfang der 60er Jahre

Panzerabwehrwaffen

- Reaktive Panzerbüchse RPG 2 (40/80 mm)
- Reaktive Panzerbüchse RPG 7 (40/85 mm)
- Panzerabwehrrohr RPG-18

Handgranaten

- Splitterhandgranate F-1
- Splitterhandgranate 4 RGD-5
- Splitterhandgranate HG-4
- Panzerabwehrhandgranate RKG-3

Schwere Infanteriewaffen

- Rückstoßfreies Geschütz RG-82
- Rückstoßfreies Geschütz RG-107
- Rückstoßfreie Panzerabwehrkanone SPGH-9D N1
- Panzerabwehrlenkwaffe FAGOT
- Panzerabwehrlenkwaffe METIS
- Granatwerfer 82 mm M-43
- Fliegerabwehrwaffe Strela II

Pionierkampfmittel

- Infanteriemine PPM-2
- Infanteriemine K-2
- Panzermine PM-60 K-1

Kraftfahrzeuge und K-Räder

Im Truppenteil Willi Sänger befanden sich drei Kraftfahrzeug-Generationen: GAS 69, P3 und UAZ 469.

Der Transport schwerer und mittelschwerer Lasten sowie der Mannschafts- und Fallschirmtransport erfolgte mit dem Lkw W-50, in erster Generation mit dem G 5.

Auch K-Räder kamen zum Einsatz, sie dienten als Kuriermaschinen: ES 250/A, TS-250/ A, TZ-250/ A und ETZ-250/ A.

Unterwegs mit dem GAS 69. *(Foto: Archiv)*

Fallschirmspringer außerhalb der Willi Sänger-Truppe

Auch außerhalb des Verbandes Willi Sänger gab es Truppenteile und Organisationen der bewaffneten Organe der DDR, in denen ausgebildete Fallschirmspringer eingesetzt wurden. Zu diesen Springern gehörten:

- Angehörige des Fallschirmdienstes bei den Landstreitkräften, der Luftwaffe und der Volksmarine.
- Angehörige des Fallschirmrettungsdienstes der Luftwaffe.
- Angehörige der Spezialaufklärungseinheiten (SAK).
- Angehörige der Fernaufklärungsteileinheiten der Aufklärungsverbände der Divisionen (Fernaufklärer).
- Angehörige des Kampfschwimmerkommandos 18 (KSK 18) der Volksmarine.
- Ausbildungskader der regionalen Sektionen für vormilitärische Laufbahnausbildung »Fallschirmjäger der Gesellschaft für Sport und Technik«.
- Angehörige (einschließlich Reservisten) des Ministeriums für Staatssicherheit (MfS), die für strategische Aufklärungs- und Sabotageeinsätze (als Truppen besonderer Bestimmung) vorgesehen und hierzu in besonderen Einheiten ins Wachregiment des Ministeriums für Staatssicherheit eingegliedert waren.
- Angehörige des Ministeriums für Staatssicherheit, die in der Terrorismusbekämpfung eingesetzt waren.
- Angehörige spezieller Kader im Fallschirmsport, die in der Sportorganisation »Dynamo« des Ministeriums für Staatssicherheit zusammengefasst waren.

Einsatzbereit – Jederzeit – Weltweit – Die Fallschirmjäger der Division Spezielle Operationen (DSO)

Wappen der DSO.

Im Rahmen der »Erneuerung der Bundeswehr von Grund auf« kam es 1999 abermals zu einer Neuausrichtung der Streitkräfte. Ein wesentlicher Baustein dieser Reform war die Schaffung der Division Spezielle Operationen (DSO) am 1. April 2001, welche etwa 9600 Soldaten umfasst.
Die in der Verfassung begründete Verpflichtung, als ständige nationale Aufgabe den Schutz und die Sicherheit deutscher Staatsbürger im Ausland und von Soldaten im Einsatz zu gewährleisten, erfordert die Fähigkeit, Bedrohungen abzuwenden und die Evakuierung sowie Rettung von Personen aus bedrohten Lagen sicherzustellen.

Vor diesem Hintergrund sind der Division insgesamt fünf operative Aufträge zugewiesen worden, die als »Spezielle Operationen« (SpezlOp) bezeichnet werden:

- Militärische Evakuierungsoperationen (Evakuierung deutscher Staatsbürger, ggf. auch Bürger anderer Nationen).
- Bewaffnete Rückführung deutscher Soldaten sowie zivilen Personals staatlicher oder internationaler Organisationen im Rahmen ihrer Einsätze in ein sicheres Umfeld.
- Operationen gegen irreguläre Kräfte (Schutz der Streitkräfte und deren Einrichtungen, Neutralisieren bzw. Ausschalten einer akuten Bedrohung der eigenen Truppe durch irreguläre Kräfte).
- Schnelle Anfangsoperationen (in einer luftbeweglichen oder amphibischen Operation rasch einsatzwichtige Infrastruktur wie z. B. einen Flugplatz oder eine Hafenanlage in die eigene Hand bekommen).
- Operationen in der Tiefe (im Rahmen der erweiterten Bündnisverteidigung leistet die DSO einen qualifizierten Beitrag durch Aufklärung und Feuerlenkung in der Tiefe und durch Ausschalten von Zielen operativer Bedeutung).

Das Verbandsabzeichen der DSO zeigt als Symbol der Luftlandekräfte einen goldenen Adler im

Sturzflug auf blauem Grund. Die Umrandung ist weiß-silber mit eingeflochtenem schwarzen Faden. Als Hinweis auf die Spezialkräfte der Division ist auf dem Wappen unter dem Adler ein nach oben zeigender schwarzer Pfeil abgebildet. Die Wappen der unterstellten Brigaden sind gemäß der heraldischen Tradition des Heeres mit dem Wappen der Division fast identisch. Lediglich die Umrandung des Wappenschildes unterscheidet die Brigaden: Weiß für das KSK, rot für die Luftlandebrigade 26 und gelb für die Luftlandebrigade 31.

Gliederung der DSO (Dienststellen)

- Stabskompanie Division Spezielle Operationen (StKp) / Regensburg
- Luftlandefernmeldebataillon DSO (LLFmBtl) / Stadtallendorf
- Kommando Spezialkräfte (KSK) / Calw
- Luftlandebrigade (LLBrig) 26 / Saarlouis
- Luftlandebrigade (LLBrig) 31 / Oldenburg
- Luftlandeflugabwehrraketenbatterie (LLFlaRakBat) 100 / Seedorf
- Fernspählehrkompanie (FSLK) 200 / Pfullendorf
- Heeresmusikkorps (HMusKorps) 300

Die DSO stellt regelmäßig Anteile des deutschen Heeres für die NATO Response Force (NRF, Nato-Eingreiftruppe) und die European Union Battle Group (EU-Battlegroup), leistet Beiträge zu deutschen Einsatzkontingenten und Spezialkräfteoperationen.
Die beiden Fallschirmjägerbrigaden der DSO sind strukturell identisch aufgebaut und wesentliche Stützpfeiler bei der Auftragserfüllung der Division.

Die Luftlandebrigade 26 (Saarland)

Wappen der Luftlandebrigade 26.

Im Oktober 1958 wurde aus der einen Monat zuvor in Esslingen/Neckar aufgestellten Luftlandekampfgruppe B9 die Luftlandebrigade 26. Ein Jahr später erhielt sie den Namen »Fallschirmjägerbrigade 26«, den sie bis 1972 behielt. Danach entschied man sich wieder für die Bezeichnung »Luftlandebrigade 26«, und seit Mai 1991 trägt sie den vom Inspekteur des Heeres verliehenen Namenszusatz »Saarland«. So zahlreich wie die Umbenennungen erfolgten auch die Standortwechsel: 1961 Zweibrücken, 1972 Saarlouis. 1994 verlegte mit dem Fallschirmjägerbataillon 263 ein Teil der Brigade wieder nach Zweibrücken und ist damit der einzige Verband, der nicht im Saarland stationiert ist.
Die Saarlandbrigade hat als einer der ersten Verbände heimatliche Gefilde verlassen. Die Soldaten waren unter anderem an Hilfsaktionen im Iran (1991) und an der UN-Unterstützung in Kambodscha (1992/93) beteiligt. Mehr als 600 Soldaten nahmen darüber hinaus 1993 am ersten »Out of Area«-Einsatz in Somalia teil. Auch Zentralafrika rief die Brigade bei der Operation »EUFOR RD CONGO« auf den Plan.
Die Einheiten und Verbände haben an fast allen Übungen der Allied Command Europe Mobile Force / Land (AMF) teilgenommen und pflegen einen regen Erfahrungsaustausch mit französi-

chung und zum Schutz eigener Truppen gegen irreguläre Kräfte.

- Aufklärung vom Anlandeplatz aus bei schnellen Anfangsoperationen.
- Aufklärung in der Tiefe, Überwachung von Flanken und offenen Räumen (ggf. gemischte Operationen mit Spezialkräften).

Die LLAufklKp 260

- überwacht wichtige Geländeabschnitte und -punkte
- wertet Informationen aus und leitet sie weiter
- nimmt über große Entfernungen Verbindung zu eignen Kräften auf
- führt Fallschirmsprungeinsätze durch
- führt Erkundungsaufträge aus
- wirkt zusammen mit Kräften anderer Truppengattungen, insbesondere Fernspähkräften, im Aufklärungsverbund des Großverbandes
- klärt mit Luftlandeaufklärungsspähtrupps gegen Gruppierungen, reguläre Kräfte und deren Einrichtungen bei Tag und Nacht auf
- ist in ihren Luftlandeaufklärungsspähtrupps schnell beweglich und mit weitreichender Fernmeldeausstattung versehen

Luftlandeaufklärungskompanie 310

Wappen der Luftlandeaufklärungskompanie 310.

Für die Ausführung ihrer Aufgaben stehen der LLAufklKp 310 zwei Luftlandespähzüge mit je drei Luftlandespähtrupps zur Verfügung sowie ein Technischer Aufklärungszug mit drei Radar- und sechs Sensortrupps. Eine Kompanieführungsgruppe stellt den Kopf der Dienststelle dar.

Spähpanzer Wiesel 1 TOW. Die Waffenanlage der TOW wurde entfernt. Das Bild zeigt ein Fahrzeug der LLAufklKp bei einer gemeinsamen Übung mit der Armée Luxembourgeoise in Rheinland-Pfalz.

Zur logistischen Unterstützung verfügt die Kompanie über Instandsetzungs- und Versorgungsteileinheiten sowie Sanitätskräfte.
Die beiden Luftlandespähzüge sind mit dem Aufklärungsfahrzeug Wiesel 1 zur Spähaufklärung ausgestattet. Der Wiesel 1 wurde auf der Basis eines gebrauchten Wiesel 1 TOW (TOW = Tube Launched Optically Tracked Wire Guided Missile) entwickelt. Das erhöhte Kabinendach ist wohl das auffälligste Merkmal. Um dies zu erreichen, mussten umfangreiche Umbaumaßnahmen erfolgen. Die Waffenanlage der TOW wurde entfernt, das Kabinendach erhöht und die Sitze der Besatzung (Kommandant, ein Späher und ein Fahrer) entsprechend montiert. Die Sensoren des Fahrzeuges, die Aufklärungsoptik »Autonomes Optisches Zielsystem« (AOZ 2000), eine hochauflösende CCD-Kamera, das Wärmebildgerät und der Laserentfernungsmesser sind auf einer bis zu drei Meter über den Boden ausfahrbaren Plattform integriert. Der Spähpanzer Wiesel 1 ist mit dem Führungs-, Kommunikations- und Informationssystem (FaKoM) ausgerüstet. Zur Selbstverteidigung besitzt der Spähpanzer zudem ein MG3. Alle anderen technischen Daten sind identisch mit denen der anderen Wiesel-1-Versionen. Das leichte Vollkettenfahrzeug kann als Innen- oder Außenlast von Hubschraubern transportiert werden.

Zum Vergleich: Der Wiesel 1 mit 20-mm-Maschinenkanone (MK). Bekämpft Ziele bis 1000 Meter.

Wiesel 2: Die Sanitätsvariante im »Notarzteinsatz«. Bietet Platz für 2 Mann Besatzung, zwei sitzende und einen liegenden Verletzten.

Mehr Tarnung geht nicht. Luftlandeaufklärer mit getarntem Wolf in »Cabrioversion«.

Eine stetig wachsende Bedeutung dürfte zukünftig der abstandsfähigen Aufklärung zukommen. Durch technische Aufklärungsmittel werden Aufklärungsergebnisse nahezu in Echtzeit möglich, ohne dass der Beobachter eine Sichtverbindung zum Objekt haben muss.

Der technische Aufklärungszug ist mit dem Radarsystem »Leichtes Gefechtsfeld-Aufklärungsradar« (LEGAR) sowie dem luftbildgestützten Aufklärungssystem »Abbildende Luftgestützte Aufklärungs-Drohne im Nahbereich« (ALADIN) ausgestattet. Auch die Drohne »Luftgestützte Unbemannte Nahaufklärungs-Ausstattung« (LUNA) wird in Einsatzgebieten zur Aufklärung herangezogen.

Die Aufklärungsdrohne ALADIN kann aus der Hand des Soldaten gestartet werden.

Weiterhin gehört der Kompanie auch ein Feldnachrichtenzug an.

Die Fähigkeiten der LLAufklKp im Allgemeinen sind:

- Überwachen von Räumen
- Aufklären aus Verstecken
- Aufklärung durch Patrouillentätigkeit
- Radaraufklärung
- Sicherstellung der Führungs- und Meldefähigkeit im gesamten Einsatzraum
- Luftverlegefähigkeit
- Fallschirmsprungeinsatz
- Spähaufklärung

Der besondere Auftrag der LLAufklKp bei SpezlOp und die dafür notwendige Ausbildung erfordert eine besondere Personalauswahl. Die Ausbildung orientiert sich dabei an den Fähigkeiten, die dem Einsatzspektrum der DSO entsprechend von den Luftlandespähtrupps und technischen Aufklärungsgruppen gefordert werden.

»Feldnachrichten« bedeutet auch, Umgang mit einheimischer Bevölkerung zu pflegen. Freundlichkeit, Geduld und deeskalierendes Verhalten fördern die Völkerverständigung.

Die Luftlandepioniere – Sprengen, Beseitigen, Überwinden

Zwei linke Hände haben die Angehörigen dieser Truppengattung mit schwarzer Litze und bordeauxrotem Barett bestimmt nicht. Man könnte sie als bewaffnete Bauarbeiter durchgehen lassen, doch das wäre zu simpel. Sie können mehr. Mit ihrer Ausrüstung sind sie in der Lage, direkte Pionierunterstützung für Luftlandeeinheiten zu leisten.

In manchen Heeren, so zum Beispiel in der Schweiz, werden Pioniertruppen auch als Genietruppen, technische Truppen oder Ingenieurtruppen bezeichnet. Früher leisteten sie in Festungskriegen den fortifikatorisch-technischen Dienst, zu dem beispielsweise das Anlegen von Sappen (Laufgräben/Annäherungswege) gehörte oder der Minenbau, das Schlagen von Brücken sowie das Zerstören von Wegen, Brücken und Eisenbahnverbindungen.

Die beiden Luftlandepionierkompanien (LLPiKp) 260/Saarlouis (im April 1959 als Fallschirmpionierkompanie in Kempten aufgestellt) und 270/Seedorf (im April 1973 in Iserlohn aufgestellt) verstehen sich als luftlandefähige Kräfte der Pioniertruppe. Der Hauptauftrag der LLPiKp der Bundeswehr ist die Unterstützung der SpezlKr im Gefecht und im Einsatz bei Operationen verbundener Kräfte, in allen Gefechtsarten und besonderen Gefechtshandlungen. Das bedeutet: Suchen und Räumen von Minen, Durchführen von Zugangssprengungen, Anlegen und Beseitigen von Sperren und das Überwinden von Hindernissen. Damit fördern sie eigene und hemmen gegnerische Bewegung.

Eine Rakete wird mit Sprengleiter über eine Mine geschossen. Sie explodiert, sobald sie ihre maximale Reichweite erreicht hat, und vernichtet das gegnerische Kampfmittel.

The Way of Action: Die Sprengleiter. Bedrohung ausgeschaltet.

Kampfmittelräumung

Kampfmittelräumung erfolgt durch Spezialisten der Streitkräfte, die bestimmte Kampfmittel mit eingeführten Mitteln und Verfahren der Pioniertruppe wegschaffen oder unschädlich machen. Sie umfasst die Erkundung, das Suchen, die Identifizierung und das Vernichten bestimmter Kampfmittel durch Spreng- oder Minenräumverfahren.
Kampfmittelräumung erfolgt in der Regel im Rahmen des Einsatzes der verbundenen Kräfte, um die Bewegungen eigener Kräfte zu fördern sowie Einsatzvoraussetzungen zu schaffen. Sekundärschäden können dabei in Kauf genommen werden.

Kampfmittelbeseitigung

Kampfmittelbeseitigung erfolgt durch Spezialisten der Bundeswehr. Sie umfasst das Unschädlichmachen aller Kampfmittel mit sämtlichen eingeführten sowie modifizierten Verfahren und Mitteln und schließt das Beseitigen behelfsmäßiger Sprengvorrichtungen ein. Zur Kampfmittelbeseitigung gehören auch die unterschiedlichen Verfahren der Erkundung, die Identifizierung, die Feldauswertung, das Unschädlichmachen, das Bergen und die endgültige Beseitigung von nicht explodierten Kampfmitteln. Sie kann sich ebenfalls auf das Unschädlichmachen und/oder die Beseitigung von Kampfmitteln erstrecken, die infolge von Beschädigungen oder Mängeln nicht mehr handhabungs- oder transportsicher sind. Sekundärschäden sollen bei der Kampfmittelbeseitigung grundsätzlich vermieden werden.
Unterschieden wird zwischen der Beseitigung militärischer Kampfmittel, die international bezeichnet wird als »Explosive Ordnance Disposal«, kurz EOD, und der Beseitigung improvisierter Kampfmittel, worunter beispielsweise alle von Verbrechern oder Terroristen selbst hergestellten Sprengsätze zu verstehen sind. Diese werden international als »Improvised Explosive Device«, kurz IED, bezeichnet, ihre Beseitigung (Disposal) demnach kurz als IEDD.

Gezieltes Türschlosssprengen mit perfektem Ergebnis. Die Verletzungsgefahr für Personen, die sich eventuell hinter der Tür befinden könnten, wird hier bewusst minimal gehalten. Die Tür ist zweckorientiert minimal beschädigt.

Vorbereiten einer Zugangssprengung. Die stilisierte dicke Gebäudemauer zerbirst durch die Zündung des wassergefüllten, TNT-ummantelten Tetrapacks in tausend Stücke. »Geht nicht!« gibt's nicht bei den Luftlandepionieren.

Luftlandepioniere bauen, setzen instand, betreiben und schützen Anlagen und Einrichtungen. Wer hier einsteigen will, braucht einen Gesellenbrief in einem Handwerksberuf. Beobachtet man die Luftlandepioniere, wie sie beispielsweise in Gruppenarbeit Sprengkabel anlegen, wird schnell klar, dass hier Technikkünstler agieren. Ihre Finger verzahnen sich mit dem Material exakt wie ein Uhrwerk, sie arbeiten hochkonzentriert und detailversessen.

Gliederung und Ausrüstung

Wappen der Luftlandepionierkompanie 260.

Gliederung Luftlandepionierkompanie 260

- Versorgungsgruppe
- Transportgruppe
- Technische Gruppe
- 1. Luftlandepionierzug mit Kampfmittelräumtrupp
- 2. Luftlandepionierzug mit Kampfmittelräumtrupp
- Luftlandepioniermaschinenzug

Wappen der Luftlandepionierkompanie 270.

Gliederung Luftlandepionierkompanie 270

- Kompanieführung
- I. Luftlandepionierzug mit Kampfmittelräumtrupp
- II. Luftlandepionierzug mit Kampfmittelräumtrupp
- III. Luftlandepioniermaschinenzug
- Versorgungsgruppe
- technische Gruppe
- Zelle Pioniere
- Sanitätstrupp

Zur Hauptausrüstung zählen das Pioniererkundungsfahrzeug Wiesel 2, das Pionierfahrzeug Mungo (kann bis zu 10 Soldaten aufnehmen und bietet Schutz gegen alle gängigen Handfeuerwaffen und Handgranaten), die Festbrücke »kurz«, Sturm-, Schlauch- und Luftkissenboote, der Schwenklader Ahlmann, die Mehrzweck-Erdarbeitmaschine AS6M (luftverlastbar) sowie diverses Pioniergerät wie beispielsweise Stromerzeuger, Motorsägen und Lkws.

Der Mungo ist luftverladbar, geschützt und geländegängig. Universell einsetzbar, bietet das Transportfahrzeug Platz für zehn Personen. *(Foto: Krauss-Maffei Wegmann)*

Das »Einsatzfahrzeug Spezialisierte Kräfte« (ESK) Mungo mit auflafettiertem MG 3 im Feuerkampf.

Baumfällarbeiten sind für Luftlandepioniere kein Problem. Sie sind Allrounder.

Schwenklader Ahlmann ebnet den Weg.

Fazit: Sag ihnen: »Baut mir ein Haus«, und sie werden eine ganze Stadt aus dem Boden stampfen.

Das Luftlandeunterstützungsbataillon – Stille Macher

Die Bataillone sind ein neues Element der Krisenreaktion, welche mit der Aufstellung der DSO geschaffen wurden. Die Luftlandeunterstützungsbataillone (LLUstgBtl) 262/Merzig und 272/Oldenburg sind Teil der SpezlKr der DSO und müssen weltweit innerhalb kürzester Zeit zur Verfügung stehen können.

Im Falle eines möglichen Einsatzes von DSO-Truppenteilen haben die Luftlandeunterstützungsbataillone den Auftrag, diese mit allen notwendigen Versorgungsgütern auszustatten, und zwar nahezu uneingeschränkt und unabhängig, den jeweiligen Bedürfnissen angepasst. Konkret bedeutet das vor allem, dass sie die Versorgung von im Einsatz befindlichen Truppenteilen der LLBrig 26 und 31 mit den erforderlichen Verbrauchsgütern wie z. B. Kraftstoff, Munition und Verpflegung sicherzustellen haben. Diese Versorgung beinhaltet die Anforderung der Güter, das Umschlagen sowie den Transport. Um der Forderung nach einer schnellen weltweiten Verfügbarkeit zu entsprechen, besitzen die LLUstgBtl die Fähigkeit, große Teile des Materials wie auch das Personal im Lufttransport zu verlegen. Grundsätzlich gehört für alle Soldaten des Verbandes das Fallschirmspringen zur militärischen Grundfertigkeit.

Die LLUstgBtl stellen die Ausstattung des Sprungdienstes mit Personenfallschirmen sicher und gewährleisten, dass für den Lufttransport von Material und Gerät Lastenfallschirme sowie weiteres einsatzspezifisches Luftfahrtgerät zur Verfügung steht. Dieser Auftrag beinhaltet sowohl das Packen, Warten und Instandsetzen als auch das Prüfen der Fallschirme und des Luftfahrtgerätes. Darüber hinaus besitzen die Bataillone die Fähigkeit, defekte Fahrzeuge, Fernmeldegeräte und Waffen instand zu setzen, inklusive der notwendigen Ersatzteilbeschaffung.

Und schließlich sind die Luftlandeunterstützungsbataillone auch noch verantwortlich für die tägliche sanitätsdienstliche Versorgung der Soldaten, darüber hinaus aber in einem Einsatzfall auch noch für die rettungsmedizinische Erstversorgung. Hierzu verfügen sie über hoch qualifiziertes Sanitätspersonal und die erforderlichen rettungsmedizinischen Einrichtungen.

Wappen des Luftlandeunterstützungsbataillons 262.

Wappen des Luftlandeunterstützungsbataillons 272.

Gliederung Luftlandeunterstützungsbataillone 262 und 272

- Versorgungs- und Unterstützungskompanie
- Luftlandeversorgungskompanie
- leichte Luftlandeversorgungskompanie
- Luftlandesanitätskompanie
- Einsatz- und Unterstützungskompanie

Der Diensthundezug – Spürnasen im Einsatz

Bei Wind und Wetter ist der Diensthund ein treuer Gefährte.

Hier geht es ganz schön zur Sache. Für den Schutzschildeinsatz braucht man Kraft und Frustrationstoleranz.

Nach getaner Arbeit geht es durch eine schmale Schneise schnellstens zur Belohnung.

Die Beschreibung eines Diensthundes ist sachlich und hat wenig mit der Vorstellung von einem kuscheligen Haus- und Hofhund zu tun, denn er wird als »Gebrauchshund« ausgewiesen. Speziell für den Aufgabenbereich von Militär, Polizei, Zoll oder Rettungsdienst ausgebildet, zeichnet ihn eine besondere »Nasenleistung« aus.

Hauptsächlich Malinois (Belgische Schäferhunde) und Deutsche Schäferhunde verstärken als vierbeinige Kameraden die Fallschirmjägerbataillone der Division. Die 18 Diensthunde je Bataillon sind luftbeweglich, was bedeutet, dass sich der Diensthundeführer im Ernstfall mit dem Hund aus dem Hubschrauber abseilen kann.

Abseilen mit Hund aus der Bell UH-1D. Ein Akt, der für Hundeführer und Vierbeiner höchste Konzentration bedeutet.
(Foto: Björn Trotzki)

Geschafft! *(Foto: Björn Trotzki)*

Der Maulkorb ist entfernt. Anbisstaktik als Angriffstaktik. *(Foto: Björn Trotzki)*

Der Diensthundeführer ist unzertrennlich mit seinem Tier verbunden, denn der Vierbeiner hört nur auf seine Kommandos. Zusammen durchlaufen sie die Ausbildung an der Diensthundeschule in Koblenz. Auch nach Feierabend ist der Hund beim Soldaten.

Das Auffinden von Menschen oder Kampfmitteln ist die Hauptaufgabe der erstklassigen Spürnasen. Sie sind in Kampfmittelspürgruppen und Personenspürgruppen unterteilt. Kampfmittelspürhunde werden auf das Erkennen des Geruchs von Sprengstoffen ausgebildet. So erschnüffeln sie neben Sprengsätzen auch Minen und andere Waffen.

Die Ausbildung erfolgt über das Spielverhalten des Hundes, indem der Mensch ein Spielzeug, z. B. ein sogenanntes »Bringsel« (von wiederbringen), mit geringen Sprengstoffproben präpariert. Der Hund verbindet den Geruch später positiv mit »spielen« und ist deshalb stark motiviert. Die Ausbildung ist identisch mit der des Drogenspürhundes, der nur bei den Feldjägern anzutreffen ist und naturgemäß mit anderen Geruchsstoffen trainiert wird.

Beim Auffinden eines Objekts muss sich der Hund unbedingt passiv verhalten: Er setzt sich zur Anzeige hin und macht so den Fund deutlich. Ein aktives Verhalten (z. B. durch Kratzen am Objekt), wie es bei den Drogenspürhunden üblich ist, wäre bei Kampfmitteln für Hund und Hundeführer möglicherweise gefährlich oder gar tödlich. Ist der Hund auf Personen abgerichtet, darf er schon beherzter vorgehen. Schließlich muss er den Störer zu Boden bringen. Das wird in »Anbiss-Übungen« trainiert.

Die Leistungen der Diensthunde werden jährlich überprüft. Sie sehen in ihrer Aufgabe ein Spiel, welches vom Hundeführer dem Auftrag entsprechend dosiert wird.

Der Fallschirmspezialzug – Vorauskräfte mit Sonderauftrag

Wappen Fallschirmjägerbataillon 261.

Wappen Fallschirmjägerbataillon 263.

Wappen Fallschirmjägerbataillon 313.

Wappen Fallschirmjägerbataillon 373.

Jedes der vier Fallschirmjägerbataillone der Luftlandebrigaden 26 und 31 hat in seiner 1. Kompanie, der Stabskompanie, einen Fallschirmspezialzug. In diesen Fallschirmspezialzügen (FschSpZg) sind als Vorauskräfte besonders ausgebildete Fallschirmjäger der Bundeswehr eingesetzt zur Erkundung und Aufklärung von Landeplätzen, Absetzzonen, Flugplätzen und Schlüsselgelände für nachfolgende Springer. Sie erlernen neben dem automatischen Fallschirmsprung das Freifallen aus hohen Höhen (siehe Abschnitt »HAHO/HALO« auf Seite 129 ff). Und für den Fall, dass es nach der Landung hart auf hart kommt, haben sie beim Survivaltraining gelernt, in der Natur zu überleben.

Teile von ihnen sind als Fliegerleitoffizier (Forward Air Controller, FAC) ausgebildet, um in unmittelbarer Nähe eines Kampfgeschehens den Einsatz von Kampfflugzeugen zur Luftnahunterstützung (Close Air Support, CAS) leiten zu können. Fernmeldespezialisten sorgen dafür, dass die Verbindung zum Gefechtsstand stets aufrechterhalten wird.

Da sie autark und in isolierten Lagen operieren, haben sie immer einen oder mehrere Combat First Responder (CFR), früher »Medic« genannt, an ihrer Seite. Sie verfügen über eine erweiterte sanitätsdienstliche Kompetenz und schließen dadurch die Lücke in der medizinischen Notfallversorgung, bis professionelle Hilfe eintrifft. Das Legen peripherer venöser Zugänge beherrschen sie genauso wie Wundversorgung, Blutstillung und Schockbekämpfung.

Das sieht nicht gut aus!

Der Kamerad ist mit dem Bein in eine Wildtierfalle getreten. Der Fallschirmspezialzug war im »Play« in Afrika unterwegs, um ein Archäologenteam zu evakuieren. Der Zugführer fordert dringlich ein Luftfahrzeug an.

Im Laufschritt geht es mit dem Verletzten zur Landezone.

Die Sicherung wird aufrechterhalten.

Die Luftretter werden an einer Lichtung erwartet.

Daumen nach oben. Der schwer verletzte Kamerad ist auf dem Weg in ein Einsatzlazarett.

Nachdem Fallschirmspezialzüge einen Auftrag erhalten haben, ziehen sie sich in einer Isolationsphase zunächst zurück, um die Operation auszuarbeiten und durchzuplanen. Während dieser Zeit haben nur Berechtigte Zutritt zur »Höhle des Löwen«. Dann durchlaufen sie die verschiedenen Phasen des Einsatzes. Bei der Insertion werden sie mit Hilfe anderer Truppenteile an einen bestimmten Ort verbracht, danach folgt die Infiltration, das unerkannte Einsickern in gegnerisches Gebiet, allein auf sich gestellt. Nach Beendigung ihrer Mission folgt die Exfiltration, bei der sie bis zu einem vereinbarten Sammelpunkt (Pick up Point, PUP) aussickern. Die Extraktion, das Herauslösen mit Hilfe fremder Truppenteile, bildet den Abschluss der Mission. Läuft etwas nicht wie vorgesehen, haben die Soldaten natürlich einen Plan B (den Evasion Plan of Action, EPA). Die Quick Reaction Force (QRF) löst sie im Notfall aus brenzligen Situation heraus.

Die Waffen der Soldaten in den Fallschirmspezialzügen heben sich ab von denen herkömmlicher Infanteristen. Sie führen neben den üblichen Primär- und Sekundärwaffen der Bundeswehr (G36, P8, P12) das G36 K, das G36 mit AG36 (Kaliber 40 mm x 46), das MG4 (Kaliber 5,56 mm x 45) und die MP7 (4,6 x 30 mm) mit sich. die Fallschirmjäger der Spezialzüge sind im Nahkampf und in Schießtechniken auf kurze Distanzen ausgebildet.

Moderne dynamisch-taktische Schießausbildung gewann in der Bundeswehr erst nach dem Fall des eisernen Vorhangs an Bedeutung. Die damals neu ins Leben gerufenen Spezial- und Spezialisierten Kräfte verfügten über eine sehr gute Einzelschützenausbildung, die jedoch bei plötzlichem Feindaufkommen im autarken Vier- bis Acht-Mann-Trupp als wenig Erfolg versprechend galt. Schießtechnisch klaffte gegenüber ausländischen »Special Forces« eine immense Lücke.
Um diese Lücke zu schließen, wurden Trainingskonzepte wie der Reaktionsschießlehrgang (RSL) erarbeitet. Der britische Special Air Service (SAS), eine der dienstältesten und erfahrensten Spezialeinheiten der Welt, und die Antiterroreinheit der deutschen Bundespolizei GSG 9 (früher Grenzschutztruppe 9) waren wertvolle Berater bei der Entwicklung von progressiveren Schießausbildungen in der Bundeswehr. Etabliert wurde die erste Hochniveau-Schießausbildung unter Anleitung des SAS bereits Mitte der 80er Jahre bei den Fernspähern in Weingarten, bevor sie beim KSK in Calw Einzug hielt.
Während des RSL wird so realitätsnah wie möglich mit verschiedenen Ausweichtechniken und Verletzteneinlagen geübt. Der RSL ist eine Drillausbildung. Der Drill garantiert höchstmögliche Sicherheit durch häufiges Wiederholen von Übungen, die im Ernstfall instinktiv abgerufen werden können.
Das Ausgangsszenario ist immer gleich: Überraschender Feindkontakt im Begegnungsgefecht oder aus dem Hinterhalt. Aus der Standardformation der klassischen Fußpatrouille wird der Feuerkampf mit dem Gegner eröffnet. Das Team entfaltet sich in zwei versetzte Trupps und beginnt mit massivem Abwehrfeuer. Wenn Bewegung ansteht, berühren sich die Soldaten mit einem Schlag auf den Arm oder die Schulter. Dann beginnt die Ausweichbewegung des Halbtrupps.

In der Ausweichbewegung muss das Team dicht zusammenbleiben, um den Laufrhythmus aufeinander abzustimmen und Kommandos und Zeichen der Kameraden aufnehmen und weitergeben zu können.

Während der eine Trupp schießt, weicht der andere Trupp aus. Dies wird angekündigt durch lautes Rufen und entsprechende Kommandos. Steht das Deckungsfeuer des hinteren Halbtrupps, weicht der vordere verzugslos hinter diesen zurück.
Der ausweichende Halbtrupp führt während der Bewegung Magazinwechsel und Stellungswahl gleichzeitig durch. Während der hinten stehende Halbtrupp in Stellung geht, übernimmt er mit massiv einsetzendem Deckungsfeuer den Schutz des vorne stehenden Halbtrupps.
Mit diesem taktischen System weichen die Trupps überschlagend solange aus, bis sich an einer günstigen Stelle der gesamte Trupp in einer Linie versammelt. Dies wird wieder mit entsprechenden Kommandos angekündigt. Nach einer weiteren Ankündigung in Form eines Schlags auf den Kameradenarm weichen die Soldaten dann Mann um Mann mit geballter Feuerkraft aus der Baseline in die schützende Deckung aus.
Eine weitere Ausweichschießtechnik ist das »Tunnelverfahren«. Bei Engstellen wie großen Brücken, seitlich begrenzten Wegen oder Häuserreihen stehen die Soldaten, zwei Reihen bildend, links und rechts der Begrenzung spalierartig hintereinander. Während die beiden vorderen Soldaten das Abwehrfeuer eröffnen, weicht einer der beiden nach hinten aus, rennt das ganze Spalier ab und reiht sich am Ende wieder ein. Sofort nach seinem Abrücken feuert der nachfolgende Soldat dessen Part weiter. So arbeiten sich die Fallschirmspezialzug-Soldaten im Tunnelsystem Mann für Mann nach hinten.
In einem Gelände wie dichtem Dschungel, welches die Entfaltung in die Breite nicht ermöglicht, gibt es noch die Ausweichtaktik des »Australian Peel«. Das Abstreifen, Ablösen, Abschälen aus gegnerischem Feuer erfolgt durch Ausweichschießen auf engstem Raum. Soldat um Soldat »peelt« sich im Deckungsfeuer des vor ihm stehenden nach hinten ab. Sie stehen im Unterschied zum gängigen Tunnelverfahren dicht in nur einer Reihe hintereinander.
Beim »Wechseldrill« wird geübt, Haupt- und Sekundärwaffe, welche sich am Mann (oder der Frau) befinden, also beispielsweise Sturmgewehr und Pistole im raschen Wechsel sicher und exakt zu handhaben. Auf Kommando wird zuerst mit der einen, dann mit der anderen Waffe gezielt und geschossen. Dabei gilt es vor allem, das richtige Heranführen und Wegstecken beider Waffen zu verinnerlichen und zu beherrschen. Den Ablauf einer solchen Übungen zeigen die folgenden acht Bilder:

Wechseldrill: Schneller Gebrauch der Primär- und Sekundärwaffe im kurzen Wechsel.

Der Soldat gibt zunächst einen Schuss oder eine Salve mit dem Gewehr ab, ...

... schiebt das Gewehr auf seinen Rücken, ...

... greift gleichzeitig schon zur Pistole, ...

... bringt die Waffe in Anschlag, ...

... zielt und schießt, ...

... führt die Pistole zurück an den Körper ...

... und steckt sie wieder ins Halfter.

Ausgebildete Scharfschützen unterstützen den Trupp mit dem gängigen G22 (Kaliber .300 Winchester Magnum / 7,62 x 67 mm, 900 m effektive Reichweite). Dieses Gewehr ist seit der Gründung der Bundeswehr das erste, das speziell als Scharfschützengewehr beschafft wurde: Bis dato hatte ein schlichtes G3 mit Zielfernrohr genügen müssen. Hergestellt wird es von der britischen Firma Accuracy International Ltd.

Der große Bruder des G22, das G82, ist als »Gewehr große Reichweite« Bestandteil der Ausstattung »Infanterist der Zukunft« (IdZ). Es dient in Verbindung mit Hartkernmunition des Kalibers 12,7 mm x 99 der Bekämpfung technischer Ziele bis zirka 1500 Meter (Anti-Material-Rifle). Die halbautomatische Waffe ist bis auf das Zielfernrohr und den Zubehörumfang baugleich mit dem amerikanischen Modell M107.

Das G22-Scharfschützengewehr. Gut zu erkennen das an den Lauf herangeklappte Zweibein und, ganz oben am Bildrand der Endsporn im abklappbaren Hinterschaft, die zusammen eine sichere Dreipunkt-Auflage ergeben.

Scharfschütze im Versteck. Ein Scharfschützentrupp besteht aus einem Scharfschützentruppführer (Spotter) und dem Scharfschützen (Sniper). Dabei ist der Sniper nur derjenige, der den Schuss abgibt. Der Verantwortliche für Zieleinweisung, Feuerfreigabe und Feuerkorrektur ist der Spotter.

Fallschirmspezialzug. Ausgerüstet mit Freifallsprungausrüstung (s. Abschnitt »Freifalllehrgang« auf Seite 124 ff), dem MG4 (Mitte) und der MP7 (links).

MilEvakOp – Militärische Evakuierungsoperationen und bewaffnete Rückführung

Eine Hauptaufgabe der 2001 aufgestellten DSO sind militärische Evakuierungsoperationen (MilEvakOp) und bewaffnete Rückführungen (OpBewR). Dabei handelt es sich um Einsätze bewaffneter Streitkräfte im Ausland zum Schutz und zur Rettung deutscher Staatsangehöriger, im Regelfall unter Einschluss von Staatsangehörigen aus Drittländern – insbesondere Bürgern der Europäischen Union (EU) – vor drohender Gefährdung für Leib und Leben. MilEvakOp sind nicht an die Voraussetzungen des Spannungs-, Verteidigungs- oder Bündnisfalles gebunden. Streng auf den Schutzzweck beschränkt, dürfen sie nach Art und Ausmaß nicht unverhältnismäßig in die geschützten Rechtsgüter anderer Staaten eingreifen.

OpBewR sind Einsätze besonders befähigter Kräfte, um militärisches und ziviles Personal staatlicher oder internationaler Organisationen bei unmittelbarer Bedrohung im Rahmen von Einsätzen im Ausland in einen sicheren Raum zurückzuführen. Auch sensitive Ausrüstung und nationale Sicherheitsinteressen berührendes Material wird dabei geborgen. Da solche Rückführungen meist in einem multinationalen Umfeld stattfinden, werden diese Einsätze in der Regel auch im multinationalen Verbund durchgeführt.

In der Praxis kann das so aussehen: Die politische Lage eines Landes verschärft sich. Unruhen erschüttern dieses Land, und staatliche Autoritäten können die Sicherheit ausländischer Staatsbürger nicht mehr garantieren. Polizei und Militär haben in weiten Teilen die Kontrolle verloren und sind nicht länger in der Lage, Recht und Ordnung aufrechtzuerhalten. Zivile Fluggesellschaften fliegen das Einsatzland nicht mehr an. Straßen und Eisenbahnverbindungen in Nachbarländer sind unterbrochen. Es ist mit Anschlägen marodierender Banden sowie von Rebellen und Heckenschützen zu rechnen.

Ab jetzt läuft die Uhr in Deutschland. Die Gefahr ist groß und erfordert eine rasche Verlegung militärischer Kräfte in das Krisengebiet. In einer solchen Situation kann nur dann rasch, effektiv und konsequent gehandelt werden, wenn ständig ein entsprechendes Kontingent an Kräften mit hohem Ausbildungsniveau auf Abruf bereitsteht. Nach Alarmierung muss innerhalb von 24 Stunden Marschbereitschaft des Erkundungskommandos hergestellt werden. Den Vorauskräften stehen 72 und den Hauptkräften 96 Stunden für das Herstellen der Verlegebereitschaft zur Verfügung.

Über eine Evakuierung deutscher Staatsbürger entscheidet grundsätzlich das Auswärtige Amt. Hat dieses die politische Entscheidung für eine MilEvakOp getroffen, ist der Bundesminister für Verteidigung für deren Durchführung verantwortlich. Unmittelbar nach dem Beschluss zur Durchführung beginnt die Nachrichtengewinnung. Nun laufen Telefone und Computer heiß. Informationen über die Sicherheitslage im Einsatzland, die Anzahl der zu evakuierenden Personen und deren Aufenthaltsorte sowie Kenntnisse hinsichtlich

der Zugänge zu Flug- und Seehäfen sind von großer Bedeutung für die anstehende Operation. Die Ergebnisse der Lagefeststellung liefern die Entscheidungsgrundlage bei der Aufstellung der einzusetzenden Kräfte: Wie viele Soldaten mit welchen (Spezial-)Fähigkeiten werden für den Einsatz gebraucht? Die einzelnen Phasen der MilEvakOp müssen nun detailliert geplant werden: Vorbereitungs-, Verlege-, Einsatz- und Evakuierungsphase.
In der Praxis verlegen Fallschirmjäger in einem solchen Fall per Luftfahrzeug zur »Forward Mounting Base« (FMB), einer vorgeschobenen Einsatzbasis in einem Gastland. Von dort aus geht es zur »Forward Operation Base« (FOB) im Einsatzland. Diese wurde zuvor von einem Fallschirmspezialzug observiert und zur Nutzung vorbereitet. Am Sandkasten gehen die Kräfte vor Ort immer wieder das geplante Einsatzszenario durch.
Nach der Landung im Einsatzgebiet beziehen die Fallschirmjäger ihre Stellungen. Die zu Evakuierenden werden »ECHOS« genannt, nach dem »E« des Nato-Buchstabieralphabets. Die ECHOS warten gesammelt in einer Halle. ABC-Soldaten überprüfen die Gepäckstücke. Mit Geigerzähler und Spürhunden wird nach illegalen Substanzen oder explosivem Material gesucht. Damit sich kein Unbefugter Zutritt verschafft und der Überblick erhalten bleibt, wird jeder Untersuchte an der Hand gekennzeichnet. Die zu Evakuierenden werden zuerst zum Transportmittel geführt und in einer ersten Welle rückgeführt. Erst danach folgen die Sicherungskräfte sebst. Je nach geographischer und Bedrohungslage geschieht die Rückführung entweder per Luftfahrzeug oder mit einem Schiff.
Mit der im Februar 2008 getroffenen politischen Entscheidung zur Gestellung einer »Quick Reaction Force« (QRF) für den Norden Afghanistans durch die Bundeswehr wurde ein weiterer Meilenstein zur Unterstützung von Einsatztruppen geschaffen.

Die Soldaten warten auf ihre Aufnahme durch die QRF. Ihr Gesicht ist am XXL-Rucksack angelehnt, auf dem das G36 liegt. Sie versuchen, sich unsichtbar zu machen.

Chamäleonartig haben sich die Soldaten ihrer Landschaft farblich angepasst.

Die QRF verlässt zügig das Luftfahrzeug und organisiert die nicht ungefährliche Evakuierung.

Gleich drei Luftfahrzeuge stehen für das Herauslösen der Kräfte zur Verfügung. Die Evakuierungsoperation muss so schnell wie möglich abgeschlossen sein.

In einer Reihe laufen die zu evakuierenden Soldaten schnellstmöglich zur CH-53. Sie werden durch die QRF gesichert.

Quick Reaction Force

Die Aufgaben »Helfen, Vermitteln, Schützen und Kämpfen« einer Quick Reaction Force (QRF), einer sogenannten »Schnellen Eingreiftruppe«, werden im Rahmen eines Mandats und unter Berücksichtigung der geltenden Einsatzregeln (Rules of Engagement im Ausland durchgeführt. Das Spektrum der Einsatzoptionen ist breit gefächert.
Die QRF kann Patrouillen und Aufklärungseinsätze durchführen, öffentliche Veranstaltungen wie beispielsweise Wahlen absichern und den Schutz von Konvois übernehmen. Die Soldaten sind ausgebildet und ausgerüstet, um gewaltbereite Menschenmengen mit nichtletalen Mitteln unter Kontrolle zu halten (Crowd and Riot Control, CRC). Darüber hinaus können Evakuierungsoperationen durchgeführt oder auch schlicht eigene Kräfte verstärkt werden. Als taktische Reserve dient die QRF auch als eine Art Feuerwehr. Geraten deutsche Soldaten oder Alliierte durch militante Kräfte in eine Notlage, kann die QRF eingesetzt werden, um diese Kräfte zu bekämpfen und die Sicherheit wiederherzustellen.

OpIK – Operationen gegen irreguläre Kräfte

Deutsche Streitkräfte können im Ausland durch irreguläre Kräfte so stark gefährdet werden, dass deren Möglichkeiten zum Selbstschutz nicht mehr ausreichen. Um die Bedrohung des Einsatzkontingentes nachhaltig abzuwenden, werden mit Spezialisierten Kräften und gegebenenfalls Spezialkräften des Einsatzverbundes Spezielle Operationen (EinsVbdSpezlOp) regelmäßig Operationen gegen irreguläre Kräfte geübt.
Bei OpIK handelt es sich um Einsätze gegen einen nicht immer klar definierten Gegner, der Methoden des asymmetrischen Gefechts anwendet und häufig Regeln des Völkerrechts umgeht. Das Aufspüren, Auf-Distanz-Halten, In-der-Bewegung-Einschränken, Festsetzen und – wenn es die Lage erfordert – Ausschalten beziehungsweise Zerschlagen eines solchen Gegners erfordert ein breites Spektrum militärischer Fähigkeiten. Ausschlaggebend für den Erfolg sind dabei vor allem die Qualität der militärischen Aufklärung sowie das taktische Moment der Überraschung in der unmittelbaren Operationsdurchführung.
Um die Fähigkeit der Spezialisierten und der Spezialkräfte zur Durchführung solcher Operationen gegen irreguläre Kräfte zu erhalten und zu vertiefen, wird die Großübung »Schneller Adler« der DSO durchgeführt. Mehr als 2400 Soldaten der übenden Truppe und 400 Leitungs- und Schiedsrichter-Soldaten inszenieren über vier Bundesländer verteilt den imaginären Kampf gegen irreguläre Kräfte. Neben dem Stab der DSO agieren hier folgende Truppenteile miteinander:

- Luftlandebrigade 26
- Luftlandebrigade 31
- Luftlandefernmeldebataillon DSO
- Fernspählehrkompanie 200
- Luftlandeflugabwehrraktenbatterie 100
- Luftwaffenführungskommando
- Division Luftbewegliche Operationen
- Bereich Streitkräfteunterstützungskommando
- Elektronische Kampfführung (ELOKA) Bataillon 922
- Kommando schnelle Einsatzkräfte Sanität
- Zentrum Operative Information
- Flottenkommando

Ziele der Übung »Schneller Adler«

- Grundlagenverständnis für Operationen gegen irreguläre Kräfte erweitern.
- Einsatzgrundsätze und Zusammenarbeit des Einsatzverbandes OpIK mit Schwerpunktbereich »Offensive Operationen« erproben.
- Kräfte der Nachrichtengewinnung und Aufklärung aus dem Einsatzverbund SpezlOp einsetzen.
- Teile des EinsVbd im Lufttransport bis hin zum Fallschirmsprung beüben.
- Parallel mehrere Teiloperationen planen.
- EinsVbd OpIK führen und einsetzen.
- Irreguläre Kräfte, deren Einrichtungen und Umfeld durch offensive Operationen ausschalten.
- Verfahren zur Abwehr und Ausschaltung der Bedrohung durch irreguläre Kräfte anwenden.

Diese Ziele umzusetzen bedeutet für die DSO, jede Menge ausgeklügelter, einsatznaher Szenarien aufzubieten. Die übende Truppe soll bewusst Stress bekommen und zeigen, dass sie diesen bewältigen kann. Die Übungs-Szenarien haben es denn auch in sich: Ein Hubschrauber wird abgeschossen, illegale Waffenübergabe in unwegsamem Gelände, Giftfässerfund, Großfeuer an einem Soldatenstützpunkt, Massenunruhen unter Kontrolle bringen/halten (Crowd and Riot Control).

Ein Hubschrauber wurde von gegnerischen Kräften getroffen und ist abgestürzt. Soldaten treffen an der Absturzstelle ein.

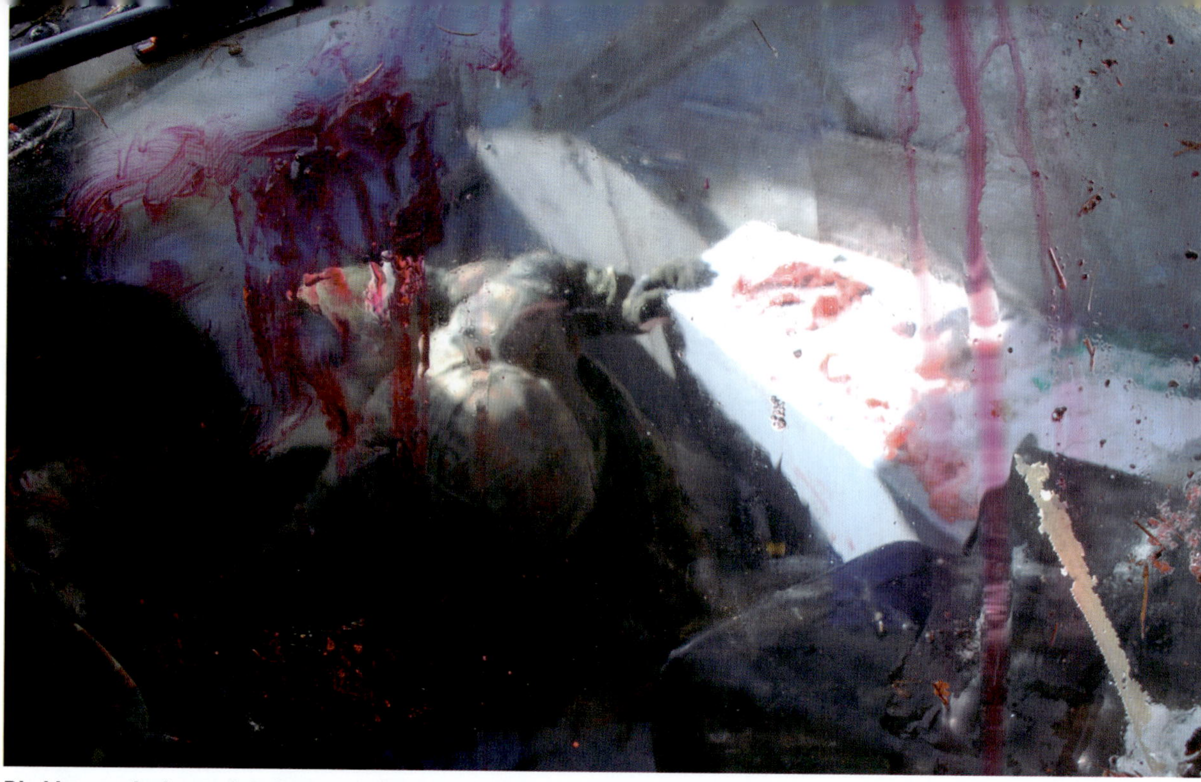

Die blutverschmierten Scheiben verheißen nichts Gutes. Im Inneren des Wracks erblicken die Soldaten ein Bild des Grauens.

Die Kameraden haben schwerste Verletzungen davongetragen und müssen unverzüglich geborgen werden. Noch im Wrack werden sie erstversorgt.

Aus dem Druckverband spritzt weiterhin Blut. Der Verletzte befindet sich im Zustand eines schweren Schocks. Die Kameraden geben alles, um ihn aus dem Wrack zu bekommen.

Endlich kommen die Luftretter. Ein Soldat weist der Bell UH-1D ihren Landeplatz zu, im Winter ein beeindruckendes Schauspiel. Wer noch gehen kann, wird von den Kameraden gestützt.

Die Schwerverletzten werden mit der Bahre zum Luftfahrzeug getragen. Alles läuft koordiniert und professionell ab.

Ein erfolgreicher Deal: Bares gegen Waffen. So werden sich irreguläre Kräfte schnell einig.

Die Freude ist kurz. Sie werden von Spezialisierten Kräften gestoppt.

Ein Giftfässerfund. Ein Soldat der Verbundkräfte »ABC-Abwehr« begutachtet mit Schutzanzug und ABC-Schutzmaske die Fässer aus der Nähe.

Erste Daten werden von außen an die Insassen des Spürpanzers Fuchs übermittelt.

Ortswechsel.

Sandstrand, azurblaues Meer, Sonne pur und eine sanfte Brise. Doch von Urlaubsstimmung keine Spur, denn hinter den Dünen im Wald haben sich feindliche Kräfte eingenistet. Was die nicht wissen: Auf dem Landungsboot warten schon die Fallschirmjäger der DSO, und ihrer sind viele. In Sturm-Booten rasen sie mit Vollgas vom Landungsboot in Richtung Ufer. Amphibische Anlandung für Hartgesottene, denn die Wassertemperatur beträgt gerade einmal sechs Grad über Null, und eines ist klar: Sie werden nicht mehr trocken sein, wenn sie im hohen Gras in Stellung gehen. Mit durchnässter Uniform arbeiten sie sich schließlich höchst konzentriert und äußerst vorsichtig aus der schützenden Deckung bis zum Wald vor und durchkämmen anschließend das weitläufige Gelände. Kälte spüren sie nicht, sie kennen nur den Auftrag, und der lässt sie funktionieren. Die Konzentration und die körperliche Leistung heizen den Körper innerlich auf. Das Adrenalin fegt das Frösteln hinweg.

Fallschirmjäger auf einem Landungsboot. Warten auf den Einsatz am gegnerischen Ufer.

Die Mission beginnt: Anlandung mit S-Booten.

Schützende Deckung. Die Bilderbuchlandschaft nimmt keiner wahr.
Die Konzentration ist auf einen möglichen Angriff fokussiert.

Wassertemperatur: Knapp sechs Grad. Die letzten Meter vor dem Ufer müssen zu Fuß zurückgelegt werden. Doch die Soldaten haben in dem offenen Gelände andere Sorgen als die schneidende Kälte: Der Gegner lauert in der Nähe.

G36 mit Nachtsichtaufsatz und Laserlichtmodul.

Triefend nass überqueren der MG3-Schütze und sein Buddy zügig eine Straße.

Leicht gebückt geht es so leise wie möglich durch das Geäst.

Die Fallschirmjäger sind Profis und zeigen, dass sie auch in Extremsituationen die Lage im Griff haben.

Operationen gegen irreguläre Kräfte erfordern:

- Schnelles Handeln, oft unter hohem Zeitdruck.
- Hohen Koordinierungsbedarf mit Dienststellen und Organisationen im In- und Ausland.
- Eine über mehrere Ebenen existierende Ablauf- und Koordinierungsorganisation mit örtlichen Entscheidungsträgern.
- Strikte Geheimhaltung auf Basis eines speziellen OpSec-Konzeptes (OpSec = Operations Security).
- Die Einbeziehung des Informationsraumes als Handlungsraum sowie die Koordinierung von Maßnahmen für das Wirken im Informationsraum.
- Möglichst umfassende Informationen über die zivile Situation im Einsatzgebiet (ziviles Lagebild).

Während des Marsches wird kontinuierlich rundum gesichert.

Geräusche! Die Fallschirmjäger knien ab und halten die Waffen einsatzbereit. Hinten liegend: Ein Soldat mit MG3 auf Zweibein.

Ausbildung

Einmal Himmel und immer wieder zurück – Die Luftlande- und Lufttransportschule Altenstadt (Oberbayern)

Begrüßungstafel der Luftlande- und Lufttransportschule Altenstadt.

Das Mutterhaus aller Fallschirmjäger der Bundeswehr befindet sich am Fuß der Alpen, an einem geschichtsträchtigen Ort. Altenstadt bei Schongau lud schon Kaiser Otto III. auf seinem Weg nach Rom zum Verweilen ein. Kurz danach kam Kaiser Heinrich der Heilige, und auch der letzte Staufer, Konradin der Unglückliche, bezog mehrmals Quartier im Ort. Schon damals pflegten Heeresabteilungen hier zu rasten. Die Via Claudia, einzige Heeres- und Handelsstraße der Alpen, verlief ganz in der Nähe. Den Wandel zum Garnisonsort erlebte Altenstadt 1937 mit dem Bau militärischer Anlagen inklusive Flugplatz.

Heute sind an der Luftlande- und Lufttransportschule (LL/LTS) weder Heilige noch Unglückliche zu Gast, sondern Männer und Frauen, die, in der Regel mit einem besonnenen und gefestigten Charakter ausgestattet, hier eine anspruchsvolle Ausbildung zu meistern haben.

Seit 1956 besteht die LL/LTS und gilt bis heute als zentrale Ausbildungseinrichtung für Deutsche Fallschirmjäger. Altenstadt arbeitet erfolgreich nach dem Prinzip von streitkräftegemeinsamer (joint) und internationaler (combined) Zusammenarbeit. Lehrgangsteilnehmer aus dem Ausland bereichern somit in Sonderlehrgängen die Sprunglandschaft der Franz-Josef-Strauß-Kaserne. Beide Spezialkräfte, die Kampfschwimmer und das Kommando Spezialkräfte (KSK), sowie die Spezialisierten Kräfte des Heeres und andere Spezialverbände werden hier regelmäßig aus- und weitergebildet.

Ausbildung mit Charisma

Der Umgangston ist respektvoll, aber entschärfter als in vielen anderen Ausbildungseinrichtungen der Bundeswehr. »Smarter« könnte man ihn nennen. »Wer sich unter einem Fallschirm bewähren muss, steht schon genug unter Strom«, erklärt ein Ausbilder von Sprunganfängern und ergänzt: »Die Entschlossenheit zum Sprung und die notwendige Konzentration entwickeln sich eher in einer entspannten Atmosphäre als unter Druck«.

Und diese Atmosphäre weht einem tatsächlich in allen Gebäuden wie ein angenehmer Frischluftzug entgegen. Zusätzlich schaffen zwei Lehrgruppen, der Heeresflugplatz Altenstadt, die Geoinformationsberatungsstelle, die Gruppe Truppenfachlehrer und die Flugplatzfeuerwehr Altenstadt im Bereich Lehre und Ausbildung ein in sich verzahntes Netzwerk für optimale Lehrgangsbedingungen.

Schule mit Struktur – Die Lehrgruppen und ihre Inspektionen

Sechs Inspektionen, aufgeteilt in zwei Lehrgruppen, führen die Soldaten zu ihrem Ausbildungsziel. Altenstadt erhält bei Soldatenbefragungen fast ausnahmslos den Stempel: »War ne schöne und interessante Zeit dort!«, was offensichtlich für die richtige Strategie spricht.
Zur »Lehrgruppe A« zählen drei Inspektionen, welche Offiziere, Unteroffiziere und Mannschaften aller Teilstreitkräfte, Beamte des Bundes und Soldaten anderer Nationen ausbilden. Die ebenfalls in drei Inspektionen aufgeteilte »Lehrgruppe B« bildet Soldaten teilstreitkraftübergreifend im Lufttransport, im Überleben unter erschwerten Bedingungen und im Einzelkampf aus.

Lehrgruppe A

I. Inspektion

- Verwendungslehrgänge für Offiziere und Unteroffiziere der Fallschirmjägertruppen. Erhöhung der Einsatzbereitschaft der Fallschirmspezialzüge der DSO.
- Zentrale Ausbildungsstelle für das Packen von Personen- und Lastenfallschirmen sowie für Instandsetzer und Nachprüfer von Fallschirm-, Luftverlade-, Luftverlaste- und Rettungsgerät.

II. Inspektion

- Ausbildung zum Freifallspringen.
- Ausbildung zum Absetzer für Fallschirmspringer mit automatischer Auslösung.
- Ausbildung zur Verbringung im Luftlandeeinsatzverfahren (Abseilen aus Hubschraubern).

III. Inspektion

- 17-tägige Ausbildung zur Befähigung, mit Waffen und Gepäck beladen bei Tag und bei Nacht mit einem automatischen Fallschirmsprungsystem aus einem Luftfahrzeug abzuspringen und sicher zu landen.

Lehrgruppe B

IV. Inspektion

- Ausbildung in Planung, Vorbereitung und Durchführung von Lufttransporten mit Transporthubschraubern des Heeres und Transportflugzeugen der Luftwaffe.
- Ausbildung in Vorbereitung von Material als Innen- und Außenlast sowie dem Be- und Entladen der Luftfahrzeuge.
- Zentrale Ausbildungsstelle der Bundeswehr im Bereich der Gefahrgutausbildung für den Verkehrsträger Luft.

V. Inspektion

- Ausbildung für Offiziersanwärter und Unteroffiziere zum Führer einer auf sich gestellten Gruppe im Rahmen des Einzelkämpferlehrgangs (EKL), Teil 1.
- Durchführung des Jagdkampflehrgangs (EKL II), welcher die Teilnehmer zur Durchführung von Aufträgen im Jagdkommando befähigt.

VI. Inspektion

- Ausbildung in Organisation und Durchführung von Lufttransporten mit Transportflugzeugen der Bundeswehr und anderer Nationen in unterschiedlichen Laufbahn- und Verwendungslehrgängen.
- Überlebensausbildung für Offiziersanwärter der Luftwaffe und des Sanitätsdienstes sowie des fliegenden Personals aller Teilstreitkräfte.

Der erste Schritt ins Nichts – Fallschirmspringerlehrgang »automatisch«

Das Sprichwort »Es ist noch kein Meister vom Himmel gefallen« gewinnt in Altenstadt seine eigene Bedeutung. Schritt für Schritt werden die militärischen Sprungschüler in einem sechzehn Tage dauernden Lehrgang an den großen Tag des ersten Sprungs herangeführt. Ganze zwölf Tage sind für die Bodenausbildung, vier für den Sprungdienst vorgesehen. Fünf Fallschirmsprünge müssen dabei abgeleistet werden; der vierte davon mit Gepäck, der letzte bei Nacht. Natürlich wird auch die Schulbank gedrückt und Wetterkunde, Luftrecht, Erste Hilfe sowie Sprungdiensthintergrundwissen gepaukt. Der praktische Teil erfolgt an Übungsgeräten und Attrappen.
Durch Sprünge von einem Podest auf Bodenmatten erhält der Soldat erste Eindrücke, die ihm helfen, ein Körpergefühl für Sprung und Landung zu entwickeln. Die Aufprallenergie bei der Landung ist enorm. Sie wird gemildert durch das Anwenden einer bestimmten Landefalltechnik, die zunächst zu erlernen ist.

Beim Sprung vom Podest entwickelt der angehende Fallschirmspringer ein erstes Körpergefühl für Sprung und Landung.

Dies ist keine Kulisse aus dem Elvisfilm »Jailhouse Rock«, auch wenn die Pendelanlage angehende Springer in Schwingung versetzt.

An der »Pendelanlage« soll der Soldat aus der Pendelbewegung heraus den Landefall links und rechts und dann vorwärts und rückwärts sowie das Öffnen des Kappentrennschlosses nach der Landung üben. Hier ist auch das Funktionspersonal gefordert, denn die Landung birgt höchste Verletzungsgefahr. Die Ausbilder beobachten deshalb ihre Soldaten ganz genau und korrigieren sie gegebenenfalls. Auf der Plattform sichern Einhaker die Soldaten und helfen ihnen beim Einhaken der Gurte. Dann rennen unten die Läufer mit dem Seil in den Händen los, bringen es in Spannung und somit den Soldaten oben in eine Pendelbewegung.

Die beiden Lehrgangsteilnehmer blicken noch etwas skeptisch.

Auf die richtige Absprunghaltung kommt es an: Kopf nach unten, Beine zusammen, weg vom »Luftfahrzeug«.

Der Absetzer gibt den Soldaten zum Sprung frei.

Die Läufer rennen los, straffen das Seil und bringen den Springer in eine Pendelbewegung.

An der »Hängeranlage« werden Absprunghaltung, das Verhalten am Fallschirm in der Sinkphase und bei Störungen des Sprungfallschirmsystems, die Handhabung des Sprunggepäckbehälters und das Verhalten bei Hindernislandungen trainiert. Als Hindernislandungen gelten beispielsweise Baum-, Draht- und Wasserlandungen. Funktionsstörungen des Fallschirms können als »Versager« (Kappe öffnet sich nicht) oder »Fehlentfaltung« auftreten (Kappe füllt sich nur spärlich oder weist Mängel auf wie z. B. Fangleinenrisse). Für so einen Fall werden die Soldaten drillmäßig vorbereitet: In drei Schritten zieht der Springer bei Nichtöffnung der Kappe die Reserve, bei Fehlentfaltung tut er dies in sechs Schritten.

Der Unterricht wird in hölzernen Attrappen einer Transall C-160 und eines Helikopters CH-53 fortgeführt. Hier soll der Lehrgangsteilnehmer die Tätigkeiten beim Besetzen eines Luftfahrzeugs sowie das Verhalten vor, während und unmittelbar nach dem Absprung üben.
Die Ausbildung beinhaltet zudem die Einweisung in das Luftfahrzeug, die Einteilung in Sprungreihen und die Einweisung in die Bewegungsart im Luftfahrzeug, das sogenannte »Schuffeln«. Des weiteren müssen die Handhabung der Aufziehleine, Tätigkeiten beim Besetzen eines Luftfahrzeugs, die Sprungkommandos und die Ausführung von Einzel- und Reihensprüngen beherrscht werden.

Während des Pendelns muss sich der Soldat auf die Landung vorbereiten. Die Beine bleiben weiterhin zusammen. Gleich wird er ruckartig abgelassen.

Der Landefall links. Gekonntes Abrollen verhindert Verletzungen, die Aufprallenergie wird so umgelenkt.

Der Landefall rechts.

Die drei Schrittfolgen mit der Fallschirmleine im Luftfahrzeug bis zur Tür.

Die Holzattrappe. Hier lernen die angehenden Springer die Grundlagen des Verhaltens im Luftfahrzeug.

Aufgereiht wie an einer Perlenkette. Jeder Handgriff muss im Schlaf abrufbar sein.

Die richtige Absprungtechnik muss verinnerlicht werden.

Ganz schön viel Informationen für Neulinge, doch die zeigen sich fast ausnahmslos wissbegierig. Schließlich sichert das Gelernte einen gelungenen Sprung und letztendlich auch ihr Überleben.

Die »Bruchzelle«, eine detailgetreue Spezialanfertigung eines C-160-Rumpfes, dient denselben Ausbildungsinhalten wie die Holzattrappe; hier wird es aber noch realistischer.

Die Bruchzelle (Imitation eines C-160 Rumpfes). So richtig glücklich ist noch keiner.
Der Gedanke an den realen Absprung bringt viele ins Grübeln.

Schon am Boden hallt es nach dem Absprung mit eingezogenem Kopf gedrillte Kontrollkommandos aus voller Brust: »Hopptausend, Zweitausend, Dreitausend, Viertausend«, dann schnellt der Kopf nach oben, »Überprüfe Kappe!«, letztendlich kreist der Kopf mit dem Ruf »Halte Umschau!«. Höhe spüren die Soldaten zum ersten Mal auf dem Sprungturm. Von unten wirkt er gar nicht so bedrohlich wie von oben an der offenen Tür, nach deren Schwelle einem elf Meter dreißig Tiefe entgegen gähnen.

Elf Meter dreißig ist die Schwelle des Sprungturms vom Boden entfernt. Der Ausbilder sitzt unten und bewertet den Sprung.

Der Turm ist eine Nachbildung eines C-160-Rumpfes in Flugrichtung Ost nach West mit zwei Türen und pro Seite vier Plattformen für jeweils vier Springer. Am Turm können vier Mann hintereinander abgesetzt werden. Für die Sicherheit im Turm sind zwei Absetzer verantwortlich.

»Vier Mann rechte Tür«, hallt es von oben als Sprechgesang nach unten; abschließend stampft der Absetzer mit einem Fuß auf. »Vier Mann rechte Tür«, bestätigen die unten wartenden vier Soldaten, ebenfalls halb singend, halb sprechend, und verleihen dem Gesagten Nachdruck, indem sie ebenfalls mit einem Fuß aufstampfen. Fast so, als wollten sie sich dadurch Mut machen: Jetzt gibt's kein Zurück mehr – basta!

Die beiden Absetzer haken die Soldaten oben auf der Plattform in ihr Gurtzeug ein, in das sie nach drei bis vier Metern fallen werden, um danach an Laufkatzen zum Wall zu fahren. Aufgefangen werden sie von Stahlseilen mit einer Belastungsgrenze von 16 Tonnen. Das beruhigt, jetzt braucht es nur noch eines: Vertrauen in das Material und Vertrauen zu sich selbst.

An der Tür vorm Abgrund ruft der Soldat seinen Namen und Dienstgrad nach unten zum Häuschen, vor dem der Hörsaalleiter sitzt, der den Sprung bewertet – so er denn stattfindet. »Hier ist schon mancher Traum zerplatzt«, erzählt ein Absetzer nachdenklich. Die Anspannung unter den Soldaten steigt.

Vom Absetzer in das Gurtzeug eingehakt, geht der Lehrgangsteilnehmer zur offenen Tür.

Der Soldat ruft seinen Namen und Dienstgrad nach unten zum Ausbilder. Jede Faser seiner Gesichtsmuskeln ist angespannt, die Gedanken sind ganz auf den Sprung konzentriert.

Der Absetzer gibt den Soldaten für den Sprung frei. Seine Hand hat ihn losgelassen.

Hopptausend, Zweitausend, Dreitausend ... Ein vorbildlicher Sprung! Der Soldat hat die Beine zusammen und den Kopf leicht nach vorne gebeugt. Mit dieser Sprungtechnik kommt er weg vom »Luftfahrzeug«. Wer sich in der Aufregung einfach nur hinunterplumpsen lässt, spürt den Zug der Gurte heftig.

Der Turm macht den meisten mehr zu schaffen als der Sprung aus dem Luftfahrzeug. Vielleicht ist es die Bodennähe, welche sich in größeren Höhen wieder relativiert, vielleicht aber auch die Angst vor dem ruckartigen Schnüren der Gurte beim Hineinfallen. »Wenn sie die richtige Sprungtechnik anwenden, kann nichts schiefgehen«, bemerkt der Absetzer lapidar und fügt hinzu: »Das heißt weit rausspringen und nicht gerade runterplumpsen lassen«.

Unten werden die erfolgreichen Turmspringer von den sogenannten »Wallmännern« ausgehakt. Danach bringen Läufer die Laufkatzen zum Turm zurück.

Die Wallmänner haken die Soldaten aus und bringen die Laufkatzen wieder zum Turm.

Die Sprungschüler sollen am Turm die Angst vor der Höhe verlieren, Haltung und Absprungtechnik üben, die Handhabung des Sprunggepäcks sowie Reaktionen bei Störungen des Sprungfallschirms trainieren. Am Ende der Bodenausbildung werden Turmkönig und Turmprinzessin ermittelt. Schöner Brauch!

Ein »Rapunzel« das nur sein Haar durch die Tür schauen lässt und den Turm wieder über die Treppe hinabsteigt, wird fairerweise nicht verewigt. Diese Reaktion auf den Turm kann einer der möglichen Ablösegründe vom Lehrgang sein. Für den Betroffenen nicht leicht wegzustecken – jedoch eine Möglichkeit der Selbsterkenntnis, sollte einem das Springen nicht auf den Leib geschneidert sein. Auch aus gesundheitlichen oder disziplinarischen Gründen sowie auf eigenen Antrag kann ein Lehrgangsteilnehmer aus dem Ausbildungsgeschehen herausgenommen werden.

Die Soldaten werden an drei militärischen Luftfahrzeugen ausgebildet: An der Transall C-160, an den Hubschraubern CH-53 und Bell UH-1D sowie an der zivilen Maschine C-208. Ab dem Jahr 2010 verlängert sich durch die geplante Einführung der neuen Luftfahrzeuge NH-90, einem hochmodernen High-Tech-Helikopter, und dem Airbus A400M (kann mit 20 Tonnen Fracht nonstop 7250 Kilometer weit fliegen) der Lehrgang um einen Tag, da das Springen auch aus diesen Maschinen beherrscht werden muss.

Das Fallschirmsystem der militärischen Sprungschüler

Der Sprungfallschirm T-10, ein Fallschirm mit automatischer Auslösung durch eine Aufziehleine, wird vom Springer im Ankerseil des Luftfahrzeugs eingehakt. Auf dem Rücken getragen, wird er nur in Verbindung mit dem Reserve-Brustfallschirm T-10R verwendet.

Fallschirm T-10

Kappenform:	Rundkappe
Fläche:	87 m^2
Länge Fangleinen:	7,80 m
Sinkgeschwindigkeit:	bei 130 kg 6 m/sec
Gewicht:	13 kg
Mindestabsetzhöhe:	400 m (Übungssprung), 120 m (Einsatzsprung)
Max. Last:	150 kg
Min. Last	80 kg
Verwendungsdauer:	22 Jahre

Für erfahrene und eingewiesene Springer steht der Fallschirm MC-1C zur Verfügung. Wesentliches Unterscheidungsmerkmal zum T-10: Er ist bedingt steuerbar. Hauptsystem bleibt aber die Kombination T-10 / T-10 R.

Reserve-Brustfallschirm T-10 R

Kappenfläche:	42 m^2
Gewicht:	5,6 kg
Mindestgebrauchshöhe:	100 m
Sinkgeschwindigkeit:	ca. 8 m/s
Max. Last:	80 kg
Verwendungsdauer:	20 Jahre oder 1 Rettungssprung

Erstspringer, das wissen die Ausbilder, zeigen schon im Bus beim Transfer nach Penzing, wo die Transall wartet, ganz unterschiedliche Verhaltensweisen bei dem Versuch, mit der bevorstehenden »Ausnahmesituation« zurechtzukommen: »Manche quasseln ohne Ende, andere hingegen sind still und wieder andere wirken fast wie erstarrt«.

Zum ersten Mal den echten Fallschirm auf dem Rücken.

Allen ist irgendwie mulmig.

»Hey, alles wird gut!« Der Ausbilder versucht, die Gemüter etwas aufzuheitern.

Mit skeptischem, gespannten Blick geht es in die Transall C-160. *(Foto: LL/LTS Sieling)*

Die »Grand Dame der Lüfte« kurz vor dem Start.

Herrliche Aussicht auf die Franz-Josef-Strauß-Kaserne. *(Foto: LL/LTS Sieling)*

In der Maschine laufen nach dem Abheben nicht nur die Rolls-Royce-Turboprop-Triebwerke auf Hochtouren, auch das Adrenalin der Sprungneulinge wird wie eine Red-Bull-Dauerinfusion durch ihre Körper gepumpt. Die ganze Transall wabert im Schweißdunst. Bis das grüne Licht leuchtet, kann es lange dauern, denn der Wind darf höchstens 12 Knoten betragen. Am Absetzplatz werden Windmessungen mit dem »Weather Tracker« durchgeführt. Windrichtung, Seitenwind, günstiger Wind und Gegenwind werden von dem Gerät erfasst und die Daten ins Luftfahrzeug übermittelt. Wenn es ungünstig läuft, dreht die Transall mit den Springern im Bauch wieder ab; in Altenstadt geht man kein Risiko ein – hier sind Profis am Werk, keine Draufgänger.

Die Crew bekommt genaue Wetterdaten. Ist der Wind über 12 Knoten, kann es sein, dass die Erstspringer umsonst gebibbert haben und statt mit dem Fallschirm wieder mit der Transall in Penzing landen. *(Foto: LL/LTS Sieling)*

Ist es dann doch endlich soweit, hat der erste Soldat, der springen muss, wohl die größte Bewährungsprobe zu absolvieren. Danach geht es buchstäblich wie am Schnürchen, und die Fallschirmspringer perlen sich sekundenschnell aus dem Flugzeug nach draußen ab.

Der Blickwinkel des Absetzers. Man bedenke: Er ist nicht gesichert, sondern steht frei an der offenen Tür, nur mit einem Reservefallschirm ausgestattet! *(Foto: LL/LTS Sieling)*

Die beiden Ausbilder (vorne) instruieren die angehenden Springer. Jetzt wird es ernst. *(Foto: LL/LTS Sieling)*

»Straße ...«, »Bahnlinie ...«, ruft der Soldat nach hinten, wo prompt das Echo der Kameraden folgt. Das lockert die erstarrten Soldaten etwas auf und signalisiert, dass jetzt bald das Absprungterrain kommt. *(Foto: LL/LTS Sieling)*

Der große Moment! Am besten: Kommandos ausführen und bloß nix denken, denn was soll schon schief gehen? Alles wurde hundertmal geübt, und die Schirme sind vorbildlich von den Fallschirmpackern gepackt worden. Raus und genießen! *(Foto: LL/LTS Sieling)*

Reges Treiben rund um das Heck der Transall. Einer ist gerade im Begriff zu springen, andere purzeln noch etwas quer durch die Luft und einer hat es schon geschafft, seinen Herzschlag zu senken: Sein Schirm hat sich vollständig geöffnet.

Ein unbeschreibliches Gefühl. Noch mit vorbildlicher Haltung genießt der Erstspringer die beeindruckende Alpenwelt rund um Altenstadt.

Unten gelandet, ist es zuerst meist ganz still – so, wie es auch taktisch zu sein hat: geräuschlos. Sie liegen kurz da, als wenn sie selbst nicht glauben könnten, was sie da gerade getan haben. Doch dann hört man es wispern und flüstern, die Anspannung hat sich entladen und weicht einem unglaublichen Glücksgefühl, das man allen ansieht. Wer die erste Hürde genommen hat, ist jedoch noch lange nicht am Ziel. Ein Ausbilder berichtet von einem Soldaten, der vier Sprünge gemeistert hatte, bevor ihm beim fünften die Nerven versagten. Die These von der Konfrontationsstrategie bei Ängsten ist wohl nicht ganz so simpel, wie es die Psychologie gerne propagiert.

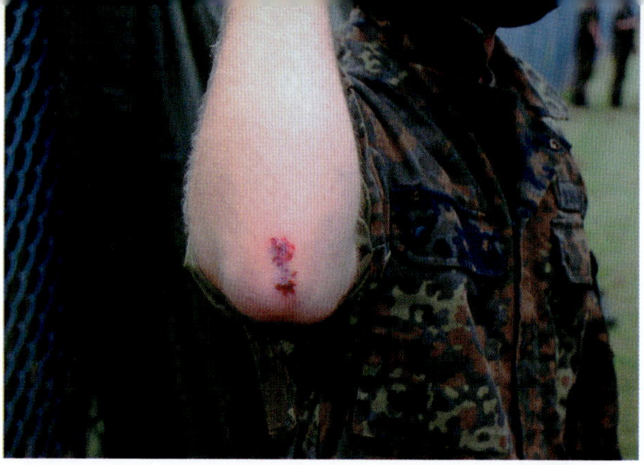

Nicht immer geht es ohne Verletzungen ab. Eine Windböe hat den Springer zu weit abgetrieben, und schmerzlich konnte er eine »Drahtlandung« am eigenen Leib erfahren. Der Schirm hing am Stachelzaun, er selbst kam mit einer Ellbogenschürfung davon.

Die Springer haben ein riesiges Areal zum Landen. Die Feuerwehr ist bei allen Sprungdiensten unmittelbar vor Ort.

Die klassische Baumlandung. Der Springer kam mit dem Schrecken davon.

Geplante Wasserlandung in den Kochelsee zu Übungszwecken. Mit Schwimmweste ausgestattet, wird der Springer von S-Booten aufgenommen und an Land gefahren.

Ersterwerb, Wiedererwerb und Erhalt des Fallschirmspringerabzeichens »automatisch« führen pro Jahr bis zu 1250 Lehrgangsteilnehmer zur III. Inspektion nach Altenstadt. Das Fallschirmspringerabzeichen der Stufe I (Bronze) wird durch Bestehen des dreieinhalbwöchigen Fallschirmspringerlehrgangs erworben. Die Stufen II (Silber) für 20 Sprünge und III (Gold) für 50 Sprünge werden nach Anzahl der absolvierten Sprünge verliehen. Nach den Kunstwerken zu urteilen, auf denen sich Ehemalige nach Beendigung ihres jeweiligen Lehrgangs verewigt haben, hat es allen »sprungbastisch« gefallen.

Der Freifalllehrgang – Verbringung auf höchstem Niveau

Tandemsprung mit Gepäck und Nachtsichtbrille »LUCI«, einem Restlichtverstärker. *(Foto: LL/LTS Mührer, Bone)*

Ausrüstung eines Freifallspringers.
(Foto: LL/LTS Mührer, Bone)

Der Freifalllehrgang der Bundeswehr ist nichts für schwache Nerven, aber auch nichts für Draufgänger, Rambos und Wanabes. Bei den »Freifallern« tummeln sich so ziemlich alle Spezialisten, welche die Bundeswehr zu bieten hat. Eines ist ihnen allen gemein: Sie sind physisch, psychisch und intellektuell dieser Aufgabe gewachsen.
Wer dort mitmischen will, braucht als Angehöriger von Spezial- oder Spezialisierten Kräften und ausgebildeter »Automatik-Springer« vom Arbeitgeber Bundeswehr ein Ticket zur LL/LTS nach Oberbayern. Was den meisten Menschen schon beim Zuhören Gänsehaut verursacht, lernen die Soldaten dort professionell und mit der notwendigen Ruhe und Konzentration auszuführen: Taktisches Gleitfallschirmspringen mit Sauerstoff aus Himalaja-Höhen, bevorzugt bei Nacht und inklusive Gepäck. Professionalität und das notwendige Selbstvertrauen für solche Sprünge resultieren aus einer hervorragenden Ausbildung, welche Altenstadt in drei Teilen vermittelt.

Das Gepäck wird im Liegen aufgeschnallt. Man legt sich einfach drauf. Kameraden stellen den Freifaller dann wieder in die Senkrechte.

Im Watschelschritt geht es zum Luftfahrzeug.

Das Hörsaalteam, Ausbilder und Ansprechpartner der Freifaller, besitzt ein Charisma aus harter Schale und weichem Kern, das trotz der fast schon klischeehaften Herbheit Vertrauen ausstrahlt.
Mit dem Freifall-Gleitschirmsystem TW 9 402 durchlaufen die Soldaten in acht Wochen den ersten Teil der Freifall-Grundausbildung. Das Ausbildungsziel ist das Springen mit Sauerstoff im Trupprahmen aus Höhen bis Flightlevel (FL) 250 / 8000 Meter, bei Tag und vor allem bei Nacht; natürlich in unbekanntes Gelände und mit Zusatzausrüstung.

Die Sauerstoffgeräte werden angebracht. Heute geht es über Flightlevel 120.

Hier wird buchstäblich noch in der Holzklasse geflogen. Die Freifaller sitzen auf dem Boden der C-208.

Die Sprunghaltung sowie gedrillte Kommandos werden noch einmal durchzelebriert.

Kurz vor dem Abflug. Der Ausbilder kontrolliert noch einmal die Geräte.

Die Freifallschirme der Bundeswehr

Freifall-Gleitschirmsystem TW9 402

Farbe:	Grau
Kappenfläche:	37,4 m²
Spannweite:	10,26 m
Gewicht:	21,7 kg
Max. Gebrauchshöhe:	10.600 m MSL
Max. Absprunggewicht:	264 kg
Gleitverhältnis:	3,7 : 1
Sinkgeschwindigkeit:	1–6 m/s
Landegeschwindigkeit:	0–1 m/s
Verwendungsdauer:	15 Jahre oder 6000 Sprünge

Freifall-Gleitfallschirmsystem TW7 315

Farbe:	Rot/Gelb/Rot
Kappenfläche:	29 m²
Spannweite:	7,98 m
Gewicht:	16 kg
Max. Gebrauchshöhe:	9100 m MSL
Max. Absprunggewicht:	176 kg
Gleitverhältnis:	3,1 : 1
Sinkgeschwindigkeit:	1–6 m/s
Landegeschwindigkeit:	0–1 m/s
Verwendungsdauer:	15 Jahre

Sportfallschirm RL 16/3

Farbe:	Schwarz/Rot/Gelb
Kappenfläche:	26 m²
Spannweite:	7,70 m
Gewicht:	14 kg
Max. Gebrauchshöhe:	6100 m MSL
Max. Absprunggewicht:	115 kg
Gleitverhältnis:	3 : 1
Sinkgeschwindigkeit:	1–3,5 m/s
Landegeschwindigkeit:	0–1 m/s

Der Freifalllehrgang Teil 2 widmet sich der Truppführerausbildung. Hier werden die Soldaten befähigt, Freifallsprungeinsätze zu planen und zu organisieren sowie manuell springende Teileinheiten zu führen. Sie werden darin geschult, Freifallweiterbildungen zu leiten, und als Einsatzoffizier (EO) und Sauerstoffsicherheitswart im Luftfahrzeug ausgebildet. Der vier Wochen dauernde Teil 3 des Freifalllehrgangs befähigt die Soldaten nach erfolgreichem Abschluss, Personen und schwere Lasten bis 100 Kilogramm aus Höhen bis FL 120 bei Tag und bei Nacht sicher in einen vorgegebenen Landeraum zu verbringen.

Flightlevel

Eine auf die Standard-Atmosphäre von 1013,25 hPa bezogene Flughöhe wird international als Flightlevel (Flugfläche) bezeichnet. Einige wenige Staaten weichen davon ab, so zum Beispiel eine Reihe ehemaliger Warschauer-Pakt-Staaten. Flugflächen dienen der Höhenstaffelung von Flugzeugen und somit der Vermeidung von Kollisionen.
Bedingt durch wetterbedingte Luftdruckschwankungen kann sich das FL von der tatsächlichen Flughöhe über dem Meer bis zu 1000 Fuß nach oben oder unten unterscheiden. Die primäre Höhenerfassung in modernen Flugzeugen erfolgt deshalb durch barometrische Höhenmesser.

HAHO, HALO – Militärische Skydiver mit Spezialauftrag

Ziel jeder Verbringungsart ist es, möglichst unbemerkt in gegnerisches Gebiet zu infiltrieren. Fallschirmspezialzüge erlernen als Vorauskräfte militärische Sprungtechniken aus hohen Höhen wie »High Altitude High Opening« (HAHO) und »High Altitude Low Opening« (HALO), welche sich durch die jeweilige Höhe unterscheiden, in der der Schirm geöffnet wird. Diese Techniken eignen sich hervorragend, um unbemerkt – und manchmal bis zu 70 Kilometer vom Absetzpunkt entfernt – in das Operationsgebiet einzuschweben.
Die Entscheidung für eines der beiden Verbringungsverfahren ist abhängig vom Auftrag und dem Ausbildungsstand der Soldaten, von der zur Verfügung stehenden Ausrüstung, der Luftlage (Gegner) – und natürlich vom Wetter.
Diese Verbringungsart erfordert von den Soldaten einen einwandfreien Gesundheits- und Fitnessstatus, denn der Adrenalinstoß beim Absprung ist im Ernstfall nur der Anfang einer Mission. Noch

während der Gleitphase am Schirm prasseln schon unzählige Informationen per Funk auf die Soldaten ein, müssen unter hohem Zeitdruck aufgenommen und unter dem Gesichtspunkt der aktuellen Relevanz gefiltert und nach Beurteilungs- und Entscheidungsprozessen in Handlungen umgesetzt werden.

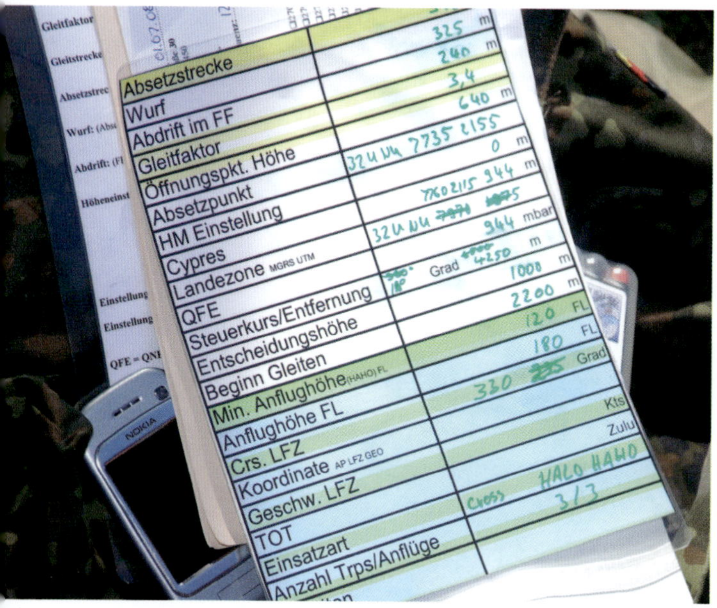

Ein ganzes Paket voller Daten muss der Lehrgangsteilnehmer mit sich führen und während der Gleitphase bedenken und berechnen.

Absetzpunkt und Landezone müssen genau berechnet werden.

Einstellen des CYPRES-Systems (CYPRES = Cybernetic Parachute Release System). Der automatische Öffner übernimmt die Schirmöffnung bei Bewusstlosigkeit des Fallschirmspringers. Beim TW9 beträgt die automatische Öffnungshöhe 580 Meter.

Nach der Landung geht es in der Regel zu Fuß weiter, mit Maximalgepäcklast taktisch unter gegnerischer Bedrohungslage.
Da die mentalen Anforderungen an die Freifaller ebenso wie die körperlichen und emotionalen Belastungen enorm sind, werden die Soldaten vor Beginn der Ausbildung in einer flugmedizinischen Untersuchung durchgecheckt.
Beim taktischen Springen über FL 120 ist Sauerstoff mit an Bord. Wer zur Höhenkrankheit neigt, hat hier keine Chance. Wenn sich die Türen zwischen 3650 und 8000 Metern öffnen, müssen selbst die Piloten Sauerstoff voratmen.
Wer mit Sauerstoff Fallschirm springt, muss auf einiges achten. Nikotin passt bei Sauerstoffsprüngen nicht ganz ins Konzept. Für Raucher heißt das: zirka 1 Stunde vor und nach Höhensprüngen keine Zigarette! Das Hämoglobin wäre für den Transport des Sauerstoffs nicht frei, sondern durch das Nikotin gebunden. Ein bis zwei Tage vorher muss auch auf das Tauchen verzichtet werden.

Sauerstoffvoratmung bei HAHO/HALO

Flightlevel	Sauerstoff	Voratemzeit
FL 120 – FL 200	Voratmen Sauerstoff	15 Minuten Voratemzeit
FL 200 – FL 250	Voratmen und Mitführen von Sauerstoff	30 Minuten Voratemzeit
Ab FL 250	Voratmen und Mitführen von Sauerstoff	45 Minuten Voratemzeit

HAHO

Vorteile der hohen Schirmöffnung

- Keine Geräuschentwicklung mit Aufklärungsrisiko
- Unerkannte Annäherung durch den Luftraum
- Freifallkönnen ist sekundär

Nachteile der hohen Schirmöffnung

- Der Luftraum ist zeitlich sehr lange blockiert
- Präzision nur nach aufwendiger Windprofilermittlung
- Komplizierte Absetzpunktberechnung
- Wetterdaten nicht immer verfügbar
- Bei schlechter Sicht Gefahr großer Streuung auf der Gleitstrecke und am Ziel
- Problematisch bei Notsituationen nach dem Exit (Ausstieg)
- Abstimmung Schirme, Gewicht und Trimmung erforderlich
- Gemeinsames Vorüben der Teileinheit erforderlich
- Aufwendige Navigation
- Hohe körperliche Belastung durch Temperaturen sowie mögliche Kreislaufprobleme (Beine)
- Aufwendige Schutzbekleidung und Atemgasausrüstung erforderlich
- Höheres Risiko durch Sauerstoffmangelerscheinungen

HALO

Vorteile der niedrigen Schirmöffnung

- Teileinheit bleibt weitgehend zusammen
- Kürzere Sammelphase nach Landung, somit schnellere Gefechtsbereitschaft der Teileinheit
- Auch bei Fehlöffnung geringe Streuung (Abhängen der Hauptkappe)
- Wenig Wetterdaten erforderlich, keine komplizierte Absetzpunktberechnung
- Einfachere Orientierung und Navigation
- Weniger Belastung durch Temperaturen und Kreislaufprobleme (Gefühllosigkeit der Beine)
- Weniger Zusatzbekleidung und Ausrüstung nötig
- Kaum Risiko durch Sauerstoffmangel
- Bei Ausfall von Personen ist Material meist noch verfügbar
- Luftraum ist nur kurze Zeit blockiert

Nachteile der niedrigen Öffnung

- Erfordert hohen Freifall-Ausbildungsstand aller Teilnehmer (ausbildungsintensiver als HAHO)
- Geräuschentwicklung bei Schirmöffnung kann zur Aufklärung führen
- Gefahr der Aufklärung, wenn zu nahe am Gegner abgesetzt wird

Ready, Set, Go – Freifaller in Aktion

Sollte an Ihnen je ein Bus vorüberfahren, dessen Insassen, ausgestattet mit Helm, Sprechfunk und Sturmhaube, entschlossen aus den Scheiben blicken, dann handelt es sich um Freifaller auf dem Weg zum Flugplatz. Mit einer Gelassenheit, als gingen sie Brötchen holen, steigen die Soldaten in ein Luftfahrzeug, um sich kurze Zeit später, manchmal aus Höhen, die unter dem Begriff »Todeszone« definiert sind, im freien Fall mit bis zu 70 Metern pro Sekunde in die Tiefe zu stürzen. Der Begriff »Todeszone« wurde 1952 vom Expeditionsarzt einer Schweizer Everest-Expedition geprägt und bezeichnet den Aufenthalt in Höhen oberhalb von 7000 Metern. Das ist die ungefähre Grenze, ab der sich auch ein optimal akklimatisierter Mensch selbst im Ruhezustand nicht mehr regenerieren kann. Ab 7000 Metern Höhe wird in den Lungenbläschen der kritische Sauerstoffpartialdruck von 30 bis 35 mm Hg (40–47 hPa) unterschritten. Unterhalb dieses Wertes ist kein ausreichender Gasaustausch (Diffusion) zwischen der Lunge und dem Blut sowie zwischen dem Blut und den Zellen mehr möglich. Deshalb wird Sauerstoff vorgeatmet oder, je nach Absetzhöhe, mit der neuen Ausrüstung sogar mit Sauerstoff oder einem Sauerstoffgemisch gesprungen. »Selbst vor dem 1000. Sprung geht einem die Pumpe noch auf 160«, erklärt ein erfahrener Freifaller.

Man sieht es ihnen jedoch nicht an, dass hinter dem fokussierten Blick und der entschlossenen Haltung kurz vor dem Exit das Blut der Soldaten doppelt so schnell durch die Gefäße gejagt wird wie kurz vor dem Abflug. Sie werden zu Profis erzogen und spiegeln das wieder. Nach außen wirken sie bemerkenswert ruhig. Ihre Gedanken drehen sich im Moment vor dem Sprung nur noch um das, was sie drillmäßig verinnerlicht haben. Dann kommt der entscheidende Moment: Der Exit. Mit gespreizten Armen und Beinen stürzen sie sich, Kopf voraus, aus dem Luftfahrzeug in die Tiefe. Manchmal verlassen sie das Luftfahrzeug auch »rückwärts« zu Formationssprungübungen.

Ready! Hochkonzentriert geht es zur offenen Rampe.

Set! Warten auf das Signal. Dann kann es losgehen. Puls: 160.

Go! »Das kann man lernen«, sagen sie bescheiden. Doch den Schneid, da hinauszuspringen, trägt nicht jedermann in sich.

Im Himmel verschwimmen die Relationen. Im freien Fall sehen die Fallschirmjäger von unten aus wie schwarze Steinchen, die in unglaublicher Fallgeschwindigkeit dem Boden näher kommen, bevor sie ihr Schirm sicher auffängt.

Für Formationssprünge darfs ruhig auch mal die Rückwärtsabsprung-Variante sein.

Feierabend für den Absetzer. Die Jungs sind draußen.

Zuerst durchlaufen die Springer die spektakuläre Freifallphase, in der sie auf die richtige Körperhaltung achten müssen. Wer die nicht beherrscht, kann in eine nicht ungefährliche Eigenrotation geraten. Doch »Haltung« haben die Soldaten gelernt: Nicht auf dem Exerzierplatz, sondern im Windkanal in internationalen Trainingscentern. Dann folgt die Öffnungsphase des Schirms.
Vom Boden aus sieht man die Trupps wie Steinchen vom Himmel fallen. Es ist ein faszinierendes Schauspiel menschlichen Könnens und technischen Fortschritts. Ein sanftes, kurzes Zischen kündigt das Aufgehen der Schirme an.
Dann hat die soldatische Denke einiges zu verarbeiten: Abdrift, Gleitfaktor, Öffnungspunkthöhe, Steuerkurs, Entfernung, Windgeschwindigkeiten usw. Der Trupp muss zusammenbleiben. Die Sammelphase geht mit leichter Anbremsung in die Gleitphase über, welche in der Landephase endet. Stufenartig schweben die Spezialisten ein.

Im Windkanal. Erstes Körpergefühl für den freien Fall. *(Foto: LL/LTS Mührer, Bone)*

Freifallsprung mit Sauerstoff und Gepäck. Der Soldat greift nach hinten, um den Schirm auszulösen. *(Foto: LL/LTS Mührer, Bone)*

Der entscheidende Moment: Die Öffnungsphase des Schirms. *(Foto: LL/LTS Mührer, Bone)*

Freifallsprung mit Sauerstoff und Schwerlastgepäckkiste. *(Foto: LL/LTS Mührer, Bone)*

Stufenförmig schweben die Spezialisten ein.

Das manchmal bis zu 100 Kilogramm schwere Gepäck muss rechtzeitig vor der Landung vom Körper gelöst werden. An einer Leine, die am Bein entlang gleitet, hängt es nach unten und landet zuerst. Danach setzen die Soldaten sanft, in dezentem Laufschritt, auf. Sofort müssen sie in Sicherung gehen und ihre Ausrüstung unter Deckung versorgen. Dann geht es zur Operation Secret.

Landephase mit Gepäck.

Tausend Schnüre ... Der Fallschirm wird nach der Landung sofort wieder gepackt.

Nein, er ist nicht aus fernen Welten, er trägt nur die neue Ausrüstung. *(Foto: LL/LTS Mührer, Bone)*

Wahnsinn? Nein, Bundeswehr! Sprung mit dem Bundle / 100 kg. *(Foto: LL/LTS Mührer, Bone)*

Mutet fast unrealistisch an: Der Bundlefallschirmsprung über Arizona. *(Foto: LL/LTS Mührer, Bone)*

Landung »par Excellence«. *(Foto: LL/LTS Mührer, Bone)*

Taktisch Springen bedeutet: Nachtsprung! Die Freifaller tragen bei Dunkelheit am Bein eine Lampe. Sie springen im Ernstfall bei völliger Dunkelheit in unbekanntes Terrain. Das ist navigatorisch eine Höchstleistung!

Fallschirmjäger mit Navigationsträger, kurz nach der Landung.

Die guten Seelen rund um den Schirm: Oben links: Ein Fallschirmpacker überprüft den Schirm. Oben rechts: Der Trockenturm. Unten links: Die riesige Näh- und Ausbesserungshalle für Fallschirme. Unten rechts: Automatikschirme werden gepackt, namentlich gekennzeichnet und versiegelt.

Kleine Fallschirmtheorie

Fallschirme werden in der Luft mit unterschiedlichen Kräften und Strömungen belastet. Rundkappensysteme verringern den Fall nahezu ausschließlich durch ihren großen Luftwiderstand. Ihre Form gleicht einer nach unten geöffneten hohlen Halbkugel, an deren unterem Rand die Fangleinen und daran eine Person oder die Nutzlast befestigt sind. Am Scheitel solcher Schirme befindet sich eine Öffnung (Scheitelöffnung), durch die angestaute Luft entweichen kann, um so ein Pendeln des Schirms zu vermeiden. Die Sinkbewegung eines gewöhnlichen Rundkappen-Fallschirms verläuft senkrecht zur Erdoberfläche und erhält lediglich durch die Winddrift eine horizontale Komponente.
Beim Freifall-Gleitschirmsystem zieht der Hilfsschirm den POD (engl. Halter, innerer Verpackungssack für die Hauptkappe) aus dem Container und streckt die Leinen, während sie sich aus den Gummis ziehen. Dadurch entsteht Luftwiderstand und somit Verzögerung, auch wenn der Fallschirm sich noch im POD befindet. Wenn die Leinen komplett gestreckt sind, kommt der Fallschirm aus dem POD und erzeugt noch mehr Luftwiderstand, jedoch keinen Auftrieb. Dadurch, dass die Nase der Kappe nach unten zeigt (Trimmung), strömt Luft in die offenen Zellen. Der Fallschirm beginnt, sich aufzublähen. In den Zellen sammelt sich Luft an und der Druck steigt, sodass langsam die Form einer Tragfläche entsteht. Die Luft strömt dann an der Ober- und Unterseite der Kappe entlang, um horizontale Geschwindigkeit aufzubauen, während das darunter hängende Gewicht den senkrechten Fall beibehalten will. Zur gleichen Zeit kommt der Slider die Leinen herunter. Dadurch kann sich die Fallschirmkappe nur nach und nach mit Luft füllen. Die Öffnung wird verlangsamt, der Schirm öffnet sich weniger schlagartig, also angenehmer für den Fallschirmspringer. Ein ordentlicher Packjob minimiert das Risiko einer schlechten Öffnung.
Der Auftrieb wird nach dem Tragflügelprinzip durch die Form des Fallschirmes erzeugt. Die Entfernung von der Vorderseite bis zur Hinterseite des Schirmes über die obenliegende gewölbte Fläche ist größer als die Entfernung entlang der untenliegenden geraden Fläche. Die auf die Vorderseite auftreffende Luft teilt sich und gleitet über Ober- und Unterseite des Fallschirmes. Die geteilte Luftmasse trifft sich zum gleichen Zeitpunkt an der Hinterseite des Schirms. Das bedeutet, dass die Luft an der Oberseite schneller sein muss als die, welche an der Unterseite entlangströmt, da die Entfernung oben größer ist. Dies führt zu einem größeren Druck an der Unterseite und zu einem geringeren Druck an der Oberseite. Die Druckdifferenz wird als Auftrieb bezeichnet, welcher senkrecht zur Luftströmung angreift. Somit wird der Fallschirm von der Region niedrigeren Drucks angesogen. Im Inneren der Zellen herrscht ein höherer Druck als außerhalb. Dieser Umstand verhindert ein Kollabieren der Kappe.
Eine Drehung erfolgt bei einem steuerbaren Fallschirm, indem man auf der gewünschten Kurvenseite, z. B. rechts, den Toggle (die Steuerschlaufe) zieht. So verlangsamt sich die Fahrt der rechten Seite, und die linke Seite überholt diese. Der Fallschirm fliegt eine Rechtskurve.
Ein Gewicht, das am Fallschirm angehängt ist, wirkt durch Gravitation dem Auftrieb und Luftwiderstand entgegen. Die mit der Vorderseite verbundenen Leinen sind kürzer als die mit der Hinterseite verbundenen. So wird der Schirm an der Vorderseite abgesenkt, Luft am »Flügel« umgelenkt und Geschwindigkeit erzeugt. Bei einem Flugzeug erzeugt das Triebwerk die nötige Druckkraft, bei einem Fallschirm die Umlenkung der Luft.

Das Lastenfallschirmsystem

Versorgungsgüter, Ausrüstungen und Fahrzeuge (Wolf) können mittels Lastenfallschirm über schwer zugänglichem gegnerischen Gebiet abgeworfen werden. Durch einen Lastenausziehschirm wird das Frachtgut aus dem Luftfahrzeug befördert. Je nach Gewicht gibt es unterschiedliche Fallschirmtypen: bis 130 Kilogramm und bis 1000 Kilogramm.

Lastenfallschirm »1000 kg«.

Lastenausziehschirm AS 3000

Kappenform:	Halbkugel-Großkreis-Bänderkappe
Kappenoberfläche:	14,14 m^2
Anzahl Tragbänder:	72
Konstruktiver Durchmesser:	3 m
Gewicht:	6,4 kg
Höchstgebrauchsgeschw.:	240 km/h
Verwendungsdauer:	zeitlich unbegrenzt

Lastenfallschirm 130 kg UNIPACK

Kappenfläche bei 30 Bahnen:	87 m^2
Anzahl der Bahnen:	30/24/20
Gewicht:	6–9 kg
Mindestgebrauchshöhe:	80 m
Max. Last einschl. Falls.:	130 kg
Sinkgeschwindigkeit:	6–8,5 m/s
Verwendungsdauer:	zeitlich unbegrenzt

Lastenfallschirm 1000 kg

Kappenfläche:	300 m^2
Anzahl der Bahnen:	64 Bahnen
Gewicht:	ca. 60 kg
Mindestabsetzhöhe:	95 m
Mindestgebrauchsgeschw.:	195 km/h
Max. Last:	1000 kg
Min. Last:	500 kg
Sinkgeschwindigkeit:	6–8,3 m/s
Verwendungsdauer:	zeitlich unbegrenzt

Die Fracht ist sicher gelandet.

Pedites pugnas decernent – Die infanteristische Ausbildung in Hammelburg

Wappen der Infanterieschule Hammelburg.

Fallschirmjäger sind Infanteristen. Neben dem Springen müssen sie die Jägerei beherrschen. Hammelburg, die Kleinstadt in Unterfranken, bietet dafür die notwendige Ausbildungsplattform. Das hat lange Tradition. Noch zu Kaisers Zeiten, 1896, entstand das Übungslager Hammelburg, wo schon das königlich bayrische Infanterieregiment sein Können optimierte.
Die dort heute angesiedelte Infanterieschule (Gründungsjahr 1958) hat buchstäblich Feuer unterm Dach, betrachtet man die Power, mit der hier Wissen weitergegeben wird. Gebirgsjäger, Infanteristen, Fallschirmjäger, alle Führer der Infanterie vom Gruppenführer bis zum Bataillonskommandeur, aktive Soldaten wie auch Reservisten, werden hier trainiert. In über 300 Lehrgängen und Übungen durchlaufen jährlich rund 28.000 Teilnehmer verschiedener Nationen die zentrale Ausbildungsstätte der Bundeswehr. Ihr Motto: Pedites pugnas decernent – es sind die Infanteristen, die die Schlacht entscheiden.
Mehr als 130.000 Soldaten sind bereits in Hammelburg und dem nahen Wildflecken auf ihren Auslandseinsatz vorbereitet worden. In der Ausbildung von Einsatzkontingenten werden schwer-

Sichern in alle Richtungen: Zwei Fallschirmjäger mit der Panzerfaust 3 und G36.

Panzerfaust 3

Die Panzerfaust 3 besteht aus zwei Baugruppen: Patrone (Abschussrohr und Geschoss) und Abfeuerungseinrichtung (Griffstück), wobei das Abschussrohr nach dem Abfeuern vor Ort zurückbleibt. Das Griffstück ist mit Visier und Abschusseinrichtung ausgestattet.

Kaliber Geschosskopf:	110 mm
Kaliber Abschussrohr:	60 mm
Gewicht:	12,9 kg (mit Griffstück)
Kampfentfernung:	300 m gegen fahrende Ziele
	400 m gegen stehende Ziele
Durchschlagsleistung:	700 mm Panzerstahl

punktmäßig Mine Awareness (Sensibilisierung gegen Minen), Geiselhaft und damit verbundene Stressbewältigung sowie Massenanfall von Verwundeten (Casualty Evacuation, CASEVAC) für den Ernstfall geübt. Selbst der legendäre King of Rock 'n' Roll, Elvis Presley, verbrachte Ende der 50er Jahre während seiner Militärzeit einige Wochen in Wildflecken.

Zusätzlich durchströmen jährlich mehrere Tausend Besucher im Rahmen eines Besuchsprogramms Schule und Truppenübungsplatz. Auch das »Vereinte Nationen Ausbildungszentrum der Bundeswehr« (VNAusbZBw) ist hier ansässig. Der Auftrag: Praktische und theoretische Vorbereitung von Soldaten und Zivilpersonen auf Einsätze im Rahmen der internationalen Konfliktverhütung und Krisenbewältigung. Auch Journalisten und Fotografen werden hier auf berufliche Einsätze in Kriegs- und Krisengebieten im »Journalistenlehrgang« vorbereitet. Deutsche und verbündete Infanteriebataillone werden im Kampf im urbanen Raum »Military Operations on Urban Terrain« (MOUT) sowie im Waldkampf angeleitet und ausgebildet.

In der Ortskampfanlage Bonnland (TrÜbPl Hammelburg) finden die Soldaten optimale Bedingungen vor. Mit 120 Gebäuden präsentiert sich der in den 30er Jahren abgesiedelte Bilderbuchort Bonnland als Geister-Dorf und gleichzeitig als Realkulisse. Oberhalb thront Schloss Greifenstein, auf romanischen Gewölben eines Frauenklosters erbaut. Friedrich Schiller war hier gerne Gast, und seine Tochter noch viel mehr, denn sie blieb, der Liebe wegen. Es gibt eine Kirche, Schule, Friedhof und natürlich die Roleplayer-Bewohner. Das Leben in Bonnland inszeniert sich als Schauspiel mit ernstem Hintergrund: 360-Grad- und dreidimensionale Bedrohung, insbesondere durch asymmetrisch kämpfende, irreguläre Gegner. Die ständige Präsenz der »Bevölkerung« lehrt die Soldaten, so zu kämpfen, dass Kollateralschäden vermieden werden.

Taktische Rahmenübungen werden am Gefechtsübungs-Simulationssystem »Simulationsgestützte Rahmenübung« (SIRA) durchgeführt. Mit dem Duellsimulator »AGDUS« (Ausbildungsgerät Duellsimulator) wird die einsatznahe Ausbildung aller Truppengattungen durch die Simulation der Wirkung direktgerichteter Waffen ermöglicht. Ausbildungsschwerpunkt ist eine 96-Stunden-Gefechtsübung. Die zur Verfügung stehenden Geräte sind so konzipiert, dass mit ihnen ein »Gefecht der verbundenen Waffen« geführt werden kann. Das AGDUS verfügt über einen aktiven Anteil, den Lasersender, und einen passiven Anteil, den Empfänger. Der aktive Anteil erzielt mit augensicherem Laserlicht Treffer gegen den passiven Teil des Gegners. In der Praxis sieht das – stark vereinfacht – etwa so aus: Ein Lasersender wird an der Waffe, ein Laserempfänger an allen potentiellen Zielen angebracht. Feuert der Soldat nun mit seiner – mit Übungsmunition geladenen – Waffe auf ein Ziel und trifft er dieses, löst der vom Sender an der Waffe ausgesandte Laserstrahl über den Empfänger am Ziel einen Pfeifton aus, der von kurz bis dauerhaft auch gleich den Schweregrad der Verletzung/Beschädigung bis hin zu Tod/Zerstörung signalisiert. Damit sorgt AGDUS für einen wesentlich realistischeren Übungsablauf.

Die drei AGDUS-Funktionssysteme

Einweg-System:	Sender bestrahlt Empfänger.
Zweiweg-System:	Nach Entfernungsmessung erfolgt angepasste Pulsaussendung (Leistung, Strahlaufweitung).
Echtzeit-System:	Während der simulierten Flugzeit eines Geschosses wird die Flugbahn mittels Laserscanner auf mögliche Ziele abgesucht.

Bei »AGDUS Rohrwaffen« wird die Geschossbahn des Projektils und bei »AGDUS Panzerabwehrwaffen« die Flugbahn des Lenkflugkörpers simuliert.

Fertig zum Gefecht! Alle Soldaten sind mit dem Duellsimulator AGDUS ausgestattet.

Soldaten mit der GraMaWa, der Granatmaschinenwaffe (29,4 kg). Kaliber 40 mm x 53. Maximale Reichweite 2000 m. Kadenz 300 Schuss/min.

Seltener Anblick: Das MG 3 geschultert. Der Soldat vorne fixiert das MG mit den Händen am Zweibein.

Der Bereich »Weiterentwicklung Infanterie« vor Ort ist die zentrale Anlaufstelle in allen Fragen der Infanterie und deren Entwicklung und wird als infanteristische Denkfabrik bezeichnet.

Aufgabenbereiche der Weiterentwicklung Infanterie

- Konzeption
- Struktur
- Führung und Einssatz
- Ausbildung
- Rüstung
- Nationale und internationale Auswertung

Dem System »Infanterist der Zukunft« (IdZ) mit der dazugehörigen 710-PS-Plattform »Boxer«, einem 25 Tonnen (Leergewicht) schweren Gepanzerten Transportkraftfahrzeug (GTK) mit einer Reichweite von bis zu 1100 Kilometern und der Aufnahmekapazität von elf Soldaten, gilt die wesentliche Entwicklungsarbeit des Bereichs. Zu verbesserten Nachtsicht- und Wärmebildgeräten, Laserentfernungsmessern, Navigations- und Funkgeräten sowie persönlichen Schutzausstattungen soll ein noch in der Entwicklung befindliches System »ZEFF« (Zielerkennung Freund/Feind) unterstützend hinzukommen.
Federführend hat der Bereich »Weiterentwicklung Infanterie« auch ein neues Schießausbildungskonzept entwickelt, das auf die neuen Herausforderungen des Gefechts auf kurze Distanzen zugeschnitten ist. Die Nutzung von Robotern zur Bewältigung besonders risikoreicher Aufgaben ist eines der zukunftsträchtigen Vorhaben der Weiterentwicklung.
Neu konzipiert und erstmals an der zentralen Ausbildungsdrehscheibe Hammelburg-Wildflecken präsentiert, überzeugt die Informationslehrübung (ILÜ) Süd vom hohen Leistungsniveau des Deutschen Heeres beim Einsatz in multinationalen Stabilisierungsoperationen. Den Besuchern werden neben der Organisation der Arbeit und Versorgung im Einsatz, denkbare Eskalations- und Gefechtsszenarien vorgeführt. Dabei werden Großgeräte des Heeres bis hin zum Hubschrauber eingesetzt. Die Lehrübung ist eine der beiden zentralen Lehrübungen des deutschen Heeres, bei der auch Kräfte des Kommandos Spezialkräfte (KSK) mitwirken. Das Pendant dazu bildet die ILÜ Nord in Munster, welche die Leistungsfähigkeit des Heeres bei Operationen hoher militärischer Intensität unter Beweis stellt.
Neben »Glück ab«, dem traditionellen Gruß der Springer vor dem Absprung, heißt es in Hammelburg für die Fallschirmjäger also auch »Horrido«. Denn nur wer sich nach dem Sprung als Gefechtsprofi erweist, kann den gestellten Aufgaben gerecht werden.

Fallschirmjäger mit Goldcard – Lehrgang Erweiterte Grundbefähigung (EGB)

Wappen Ausbildungszentrum Spezielle Operationen

Im Ausbildungszentrum Spezielle Operationen (AusbZSpezlOp) in der badischen Fachwerkstadt Pfullendorf sind angehende Spezialisten willkommen. Doch bevor sie eine der hochwertigsten Ausbildungen des Heeres durchlaufen, müssen sie erst einmal beweisen, dass es sich lohnt, in ihre Fähigkeiten zu investieren.
Der Aufbau der »Spezialisierten Kräfte Heer« (SpezlKrH) EGB, ist ein wichtiger Schritt zur Her-

stellung der Einsatzbereitschaft der DSO und hat deshalb eine hohe Priorität. Die Wahrung der Qualität hat von Beginn an Vorrang vor der quantitativen Auffüllung der Truppe.
SpezlKrH EGB, zu denen auch der Fallschirmspezialzug zählt, sind für besondere Aufträge im Rahmen »Spezieller Operationen« (SpezlOp) vorgesehen. Diese Tatsache verlangt besonders ausgebildete, ausgerüstete und organisierte Kräfte. Operationen der SpezlKrH EGB sind gegen Ziele mit herausragender Bedeutung für den taktisch operativen Erfolg SpezlOp gerichtet und durch besondere Bedingungen gekennzeichnet.
Dies bedeutet in der Regel die Durchführung von meist reaktionsschnellen, Kollateralschäden vermeidenden sensitiven Aufgaben hoher Bedeutung, aber auch autarken Einsatz (z. B. bei OpIK) mit besonderen Risiken. Ihr besonderes Fähigkeitsspektrum befähigt diese Kräfte zudem zum Einsatz im Rahmen der direkten taktischen Unterstützung von Spezialkräften.
Die SpezlKrH EGB sind im Einsatz ständig sehr hohen physischen und psychischen Belastungen ausgesetzt. Zahlreiche Aufgaben verlangen von ihnen Höchstleistungen:

- Besondere Verbringungsarten
- Einsatz in schwierigem Gelände bei Tag und Nacht
- Einsatz zu allen Jahreszeiten und in verschiedenen Klimazonen
- Einsatz von Waffen und Sprengmitteln auf engstem Raum
- Zeitdruck bei der Auftragsdurchführung
- Zusatzlasten in Form von Bewaffnung und Ausrüstung
- Auftragsdichte und Auftragsvielfalt
- Hohe zeitliche Belastung durch Ausbildung, Einsatz und Übungen

Deshalb ist es wichtig, schon vor Beginn der Ausbildung festzustellen, ob die Kandidaten das Potential besitzen, den zu erwartenden hohen Belastungen standzuhalten. Das entsprechende Auswahlverfahren für die Verwendung in den SpezlKrH EGB hat jeder Soldat, der für einen solchen Dienstposten vorgesehen ist, zu durchlaufen und vor Beginn der Ausbildung EGB zu bestehen.
Das Anforderungsprofil des Personalauswahlverfahrens macht keinen Unterschied zwischen Männern und Frauen, denn bei Einsätzen im Rah-

Zeitlicher Ablauf des Auswahlverfahrens Spezialisierte Kräfte Heer (SpezlKrH) EGB

1. Tag
- Einweisung in das Sichtungsprogramm / Unterricht
- 7-km-Marsch, Lauf 20 kg Gepäck (52 min)
- Anlegen Gurtzeug, Abseilen / Ausbildung
- Hindernisparcours / Einweisung, Training
- Marsch, Ausrüstung / Unterricht

2. Tag
- Schwimmen im FA (Freistil), 300 m (10 min)
- Hindernisbahn ohne Gepäck und Waffe (1:50 min)
- Anlegen von Feuerstellen (Wärmefeuer) / Unterricht
- Bau einer Behelfstrage / Praktisch
- Bau eines Zeltbahnpaketes / Praktisch
- Orientierung bei Tag und bei Nacht / Unterricht
- Orientierungsmarsch / Praktisch

3. und 4. Tag
- Durchschlageübung (36 Stunden), 20 kg Gepäck, Waffe
- 40–70 km Marschleistung
- Orientierung
- Doppelter Seilsteg
- Einfacher Seilsteg
- Abseilen
- 5-km-Eilmarsch (Gruppenaufgabe)
- Überwinden von Gewässern (Gruppenaufgabe)
- Hindernisbahn (Gruppenaufgabe)
- Verwundetentransport (Gruppenaufgabe)
- Waffenstation (Gruppenaufgabe)
- Bau von Feldunterkünften (Gruppenaufgabe)
- Nachbereitung

5. Tag
- Hindernisparcours, Einzeln (3:20 min)
- Bekanntgabe des Ergebnisses

Ausbildung der SpezlKrH EGB

Individualausbildung
- Nahkampf Grundmodul (defensiv, offensiv, mit Gefechtsausrüstung)
- Schießtechnik EGB (reaktionsschnell, intuitiv, aus der Bewegung)
- Gefechtsdrillschießen EGB (abgesessen, Schießen von Plattformen)
- SERER (Survival, Evasion, Resistance, Escape und Recovery)
- Combat First Responder-A (Sanitätsausbildung, Initialversorgung)

Teamausbildung
- Urbane Angriffstaktik (Öffnungsverfahren, Vorgehen und Schießen in Gebäuden)
- Patrolling (Aufklärung, handstreich- und hinterhaltartiger Angriff)
- Infiltration über Wasser (taktisches Anlanden, Schießen von Booten)

Spezialistenausbildung
- Combat First Responder-B und -C (weiterführende Sanitätsausbildung)
- Nahkampf Aufbaumodul und Ausbildungsleitermodul
- Schießlehrer EGB
- Unterrichtung über Landstreitkräfte fremder Staaten

Führerausbildung EGB
- Mission Planning (Planung und Führung auf Ebene Team)
- Operations Planning (Planung und Führung auf der Ebene Task Group)
- Einweisung in Special Operations
- Einweisung in terroristische Bedrohung und interkulturelle Kompetenz
- Offene Gesprächsführung und Dokumentation

men von SpezlOp werden an jeden Soldat und jede Soldatin gleich hohe Ansprüche gestellt, auch die Belastungen im Einsatz sind für alle gleich.
In diesem Auswahlverfahren werden die Soldaten überprüft im Bereich:
- physische Belastbarkeit
- psychische Belastbarkeit
- charakterliche Eignung
- Teamfähigkeit
- kameradschaftliches Verhalten
- Schnelligkeit, Gewandtheit
- Wahrnehmungs- und Konzentrationsfähigkeit

Fertig ausgebildet, schließen die SpezlKrH EGB die Lücke zwischen Spezialisierten Kräften und Spezialkräften.
Die SpezlKrH EGB müssen neben ihrer grundsätzlichen Befähigung zur Durchführung von SpezlOp über folgende zusätzliche Fähigkeiten verfügen:
- Einsatz in isolierten Lagen
- Durchführung eigenständiger Aufklärungsoperationen
- Anwendung von Notverfahren zur Rückführung
- Durchführung offensiver Maßnahmen gegen irreguläre Kräfte
- Überleben und Durchschlagen
- Erstversorgung von Verwundeten (Initialversorgung)

Neben einer umfassenden Ausbildung kommen besondere Einsatzverfahren und spezielle Ausrüstung zur Anwendung. Nur so kann das hohe Fähigkeitsprofil als Gesamtpaket erreicht werden.
Die SpezlKrH EGB erhalten eine sechsmonatige lehrgangsgebundene modulare Ausbildung, die sich in die Bereiche Individual-, Team-, Spezialisten- und Führerausbildung unterteilt.
Die Realisierung dieser anspruchsvollen Ausbildungen verlangt vom AusbZSpezlOp hohe Flexibilität, um sich den Anforderungen der Zukunft zu stellen. Doch wie schon so oft seit Bestehen der Einrichtung gelingt es den Pfullendorfern, sich chamäleonartig in neue Strukturen einzuarbeiten. Die Ausbildung der SpezlKrH EGB ist im Hinblick auf das für zukünftige Einsätze erforderliche Fähigkeitsprofil der Streitkräfte ein beachtlicher qualitativer Schritt nach vorne.

Born to jump? – Eignungsvoraussetzungen

Fallschirmjäger. Ein Wort aus dem Träume gestrickt sind. Wer allerdings von einer Karriere als mutiger Kämpfer träumt, wie sie in so manchem Action-Spektakel dargestellt wird, mit dem uns die Filmindustrie beglückt, dem blüht, wenn er sich wirklich bei den Fallschirmjägern bewirbt, ein unsanftes Erwachen in einem schlichten Büro der Wehrdienstberatung. Sein Weg bis zum Freifall-Exit wird lang sein. So lang, dass er, wenn er nicht eine gehörige Portion Durchhaltevermögen, überdurchschnittliche körperliche Fitness sowie einen gefestigten Charakter mitbringt, vielleicht die Lust daran verlieren wird.

Von Fallschirmsprungbegeisterten werden häufig die selben Fragen gestellt. Beispielsweise: »Ich bin Brillenträger, kann ich trotzdem Fallschirmspringer werden?« Auch Brillenträger dürfen die Sprungausbildung absolvieren. Es gibt mittlerweile entsprechendes Brillenequipment, damit die Brille auch beim Absprung fest sitzt. Oder: »Wie schwer darf ich sein?« Ideal sind bis zu 80 Kilogramm.

Empfohlen wird vor allem eines: Konditionstraining! Reines Krafttraining reicht nicht aus. Ausdauer ist gefragt, und das ist nicht immer gepaart mit einem Silvester-Stallone-Körperbau. Durchaus schafft es der Kamerad mit der Bibliothekarfigur, vermag er zu »beißen« und sportliche Ausdauer an den Tag zu legen, einen »Stallone« alt aussehen zu lassen.

Die Tauglichkeitsstufen bei der Bundeswehr

Tauglichkeitsstufe 1:	uneingeschränkt tauglich
Tauglichkeitsstufe 2:	tauglich, aber mit geringen Einschränkungen (z. B. Brillenträger, einschränkende Körpergröße)
Tauglichkeitsstufe 3:	tauglich, aber mit größeren Einschränkungen (z. B. eingeschränkte körperliche Belastbarkeit)
Tauglichkeitsstufe 4:	vorübergehend untauglich (z. B. wegen Unfallverletzung oder der Notwendigkeit einer Facharztuntersuchung)
Tauglichkeitsstufe 5:	nicht tauglich (Ausmusterung, kann auch keinen Zivildienst leisten)

Die allgemeine dreimonatige Grundausbildung (AGA) besteht aus den drei Säulen der zentral vorgegebenen Ausbildung, der allgemein militärischen Ausbildung, und der Basisausbildung »Einsatzvorbereitende Ausbildung für Konfliktverhütung und Krisenreaktion (EAKK)«.

Danach erhält der Soldat als »Freiwillig länger Wehrdienstleistender« (FWDL) oder »Soldat auf Zeit« (SaZ), eine sechsmonatige Aufbauausbildung EAKK und eine Dienstpostenausbildung, welche in modularer Vollausbildung in die Einsatzausbildung mündet. Nach dieser Zeit, die sich insgesamt über neun bis zwölf Monate erstreckt, kann der Soldat zum Auslandseinsatz herangezogen werden.

Die Ausbildung zum Fallschirmjäger SpezlKr Heer EGB dauert mehrere Jahre (siehe Kapitel Ausbildung).

Der Engel am Schirm – Michael fliegt mit

Erzengel Michael wurde schon im siebten Jahrhundert als Patron der Soldaten und Krieger verehrt. Seit der siegreichen Schlacht vom Lechfeld (955) wurde er Schutzpatron des Römisch-Deutschen Reiches. Als »Fürst der himmlischen Heerscharen« gilt er im Besonderen als Schutzpatron der Fallschirmjäger aller Nationen.

In den drei abrahamitischen Religionen, dem Christentum, dem Judentum und dem Islam, hat Michael eine besondere Stellung. Er gilt als Unterstützer und Erretter aus Gefahrensituationen und ist als der kraftvollste und bedeutsamste Schutzengel bekannt. Der Überlieferung nach soll er in verschiedene Schlachten eingegriffen haben:

- So wird der Sieg der Langobarden von Sipontum (Manfredonia) über die griechischen Neapolitaner 663 auf sein Eingreifen zurückgeführt. Seither gibt es ein in weiten Teilen der Westkirche verbreitetes, »Apparitio S. Michaelis« genanntes Michaelsfest.
- Die Stadt Konstantinopel soll der Erzengel gleich zweimal errettet haben: 626 vor den Awaren und 676 vor den Arabern.
- Im Hundertjährigen Krieg zwischen England und Frankreich spielt er eine weitere Rolle. So sah die Jungfrau von Arc (Jeanne d'Arc) ihn in ihren Visionen, aus denen sie ihre »göttliche Sendung« ableitete.
- Nach einer russischen Chronik hat sich Großfürst Dimitri Donskoi vor seiner siegreichen Schlacht gegen den Mongolenkhan Mamaj auf dem Kulikowo-Feld 1380 vor einer Ikone des Michael niedergeworfen.

Im Spätmittelalter wurde Michael, gemeinsam mit dem Heiligen Georg, zum Patron des Rittertums und speziell der ihm geweihten Ritterorden des »Ordre de Saint-Michel« (Frankreich, 1469) und des »Order of St. Michael and St. George« (England, 1818) berufen.

Viele Fallschirmspringer tragen, wenn sie in die Luft gehen, die Michaelsplakette bei sich.

Die Michaels-Plakette der Luftlandebrigade 31

Die Sprache der Fallschirmjäger

Begriff	Erläuterung
Absetzer	Speziell ausgebildeter Soldat, der die Absetzvorgänge der Fallschirmspringer leitet
Absetzplatz	Gelände, über dem Fallschirmspringer abgesetzt werden, um dort zu landen
AGDUS	Ausbildungsgerät Duellsimulator
ALADIN	Abbildende luftgestützte Aufklärungsdrohne im Nahbereich
APOD	Airport of Debarkation – Zielflughafen, an dem eine Verlegung endet
APOE	Airport of Embarkation – Abflughafen, an dem eine Verlegung beginnt
AusbZSpezlOp	Ausbildungszentrum Spezielle Operationen
Buddy	Kamerad
CAS	Close Air Support – Luftnahunterstützung
CASEVAC	Casualty Evacuation – Evakuierung Verwundeter
CFR	Combat First Responder – Einsatzsanitäter
CROWD u. RIOT Control	Menschenmassen und Unruhen unter Kontrolle bringen
Cypres	Cybernetic Parachute Release System – automatische Schirmöffnung bei Bewusstlosigkeit
Drop	Ugs.: Der Absprung mit dem Fallschirm
DSO	Division Spezielle Operationen
Echo	Zu evakuierende Person – nach dem NATO-Buchstabieralphabet benannt
EinsVbdSpezlOp	Einsatzverbund Spezielle Operationen
EKL	Einzelkämpferlehrgang
EOD	Explosive Ordnance Disposal – militärische Kampfmittelbeseitigung
EPA	Evasion Plan of Action – Eventualfallplanung, Ausweichplan
Exfiltration	Aussickern von Kräften aus dem Einsatzraum ohne fremde Truppenteile
Exit	Ausstieg der Fallschirmspringer aus dem Luftfahrzeug
Extraction	Rückführung von Kräften mit Hilfe fremder Truppenteile
FAC	Forward Air Controller – Fliegerleitoffizier
Flightlevel	Eine auf die Standardatmosphäre von 1013,25 hPa bezogene Flughöhe
FMB	Forward Mounting Base – Einsatzbasis in einem Gastland
FOB	Forward Operation Base – vorgeschobene Einsatzbasis
FschJgBtl	Falschirmjägerbataillon
FschSpezZg	Fallschirmspezialzug
HAHO	High Altitude High Opening – große Höhe, hohe Öffnung

HALO	High Altitude Low Opening – große Höhe, niedrige Öffnung
IdZ	Infanterist der Zukunft
IED	Improvised Explosive Device – improvisiertes Kampfmittel
Infiltration	Einsickern von Kräften in den Einsatzraum ohne fremde Truppenteile
Insertion	Einbringen von Kräften in den Einsatzraum mit Hilfe anderer Truppenteile
LL/LTS	Luftlande- und Lufttransportschule
LLAufklKp	Luftlandeaufklärungskompanie
LLBrig	Luftlandebrigade
LLPiKp	Luftlandepionierkompanie
LLUstgBtl	Luftlandeunterstützungsbataillon
MilEvakOp	Militärische Evakuierungsoperation
Mine Awareness	Sensibilisierung gegen Minen
MOUT	Military Operations on Urban Terrain – Orts- und Häuserkampf
NRF	Nato Response Force – Nato-Eingreiftruppe
OpBewR	Operation bewaffnete Rückführung
OpIK	Operation gegen irreguläre Kräfte
OPSEC	Operation Security – sichert sämtliche Informationen über Operationen und Entscheidungen der eigenen Streitkräfte
PERSEC	Person Security – sichert sämtliche Informationen über Personen
POD	Innerer Verpackungssack für die Hauptkappe
PUP	Pick Up Point – Sammelpunkt
QRF	Quick Reaction Force – schnelle Eingreiftruppe
RL 16/3	Sportfallschirm der Bundeswehr – Farbe: Schwarz/Rot/Gelb
ROE	Rules of Engagement – Einsatzregeln
S-Boot	Sturmboot
Slider	Rechteckiges Stück Stoff – Öffnungsverzögerer des Fallschirms
Sniper	Scharfschütze
SpezKr	Spezialkräfte
SpezlKrH EGB	Spezialisierte Kräfte Heer mit erweiterter Grundbefähigung
SpezlOp	Spezielle Operation
SPOD	Shipsport of Debarcation – Seehafen, an dem die Verlegung endet
SPOE	Shipsport of Embarcation – Seehafen, an dem die Verlegung beginnt
Spotter	Scharfschützentruppführer
T-10	Sprungfallschirm der Bundeswehr mit automatischer Auslösung
T-10 R	Reserve-Brustfallschirm der Bundeswehr beim Automatik-Sprung
TCCC	Tactical Combat Casualty Care – Verwundetenversorgung unter Gefechtsbedingungen
Toggle	Steuerschlaufe am Fallschirm
TW7 315	Freifall-Gleitschirmsystem der Bundeswehr – Farbe: Rot/Gelb/Rot
TW9 402	Freifall-Gleitschirmsystem der Bundeswehr – Farbe: Grau
UstgKr EGB	Unterstützungskräfte mit erweiterter Grundbefähigung

Dank

Mein Dank gilt in erster Linie dem Motorbuch Verlag, der mir dieses Buch ermöglicht hat.
Dem Bundesministerium für Verteidigung möchte ich meinen Dank aussprechen für die zügige Projektfreigabe, insbesondere dem Pressesprecher des Heeres, Herrn Oberstleutnant i. G. Arne Collatz-Johannsen, der sich vorbildlich meiner Buchprojekte angenommen hat.
Mein herzlichster Dank geht an das engagierte DSO-Team, Herrn Major Markus Herholt und Herrn Hauptmann Raphael Kozubal für die hervorragend organisierte Pressebetreuung während der Übungen »Schneller Adler« / »ILÜ-Süd« und dem »offenen Ohr« für alle Belange bzgl. des Buchprojektes.
Mein großer Dank geht an die »gute Seele« des Projektes, Herrn Hauptmann Claus-Peter Schulz, Presseoffizier der Saarlandbrigade, für den monatelangen herausragenden Einsatz in Sachen Fallschirmjägerbuch. Danke für Terminkoordinierung, Infomaterial und natürlich den obligatorischen »Besprechungskuchen«. Auch dem Presseoffizier der Luftlandebrigade 31, Herrn Hauptmann Björn Gornik, möchte ich meinen Dank aussprechen.
Dem Medienstabsoffizier in Hammelburg, Herrn Major Olaf Kuske, gilt mein herzlichster Dank für die sympathische Pressebetreuung vor Ort; unvergessen die Tour »Lost in Wildflecken«.
Bezüglich meinem Aufenthalt an der LL/LTS in Altenstadt möchte ich mich ganz herzlich bei Herrn Hauptmann Siegfried Jordan, Presseoffizier der LL/LTS, für die Koordinierung bedanken. Mein großer Dank gilt Herrn Hauptmann Frank Ellermann (III. Inspektion) und seinem sympathischen Team. Besonders Herrn Stabsunteroffizier Marc Sieling für das zur Verfügung gestellte Bildmaterial und Oberleutnant Kühn für die »Es-gibt-kein-Zurück-mehr-offener-Heliflug-ist-klasse-Taktik«. Ein ganz großes Dankeschön geht an Herrn Hauptmann Enno Bremermann (II. Inspektion) und sein Freifall-Team, speziell an die »Adler der Lüfte« Stabsfeldwebel Thomas »Garf« Mührer und Hauptfeldwebel Sascha Bone für die grandiosen Bilder der Helmkameras und die kameradschaftliche Aufnahme. Danke auch an die I. Inspektion für die kompetente Betreuung bei der SpezZug-Begleitung. Dem Fallschirmspezialzug der Saarlandbrigade möchte ich meinen herzlichsten Dank aussprechen für die engagierte Unterstützung des Buchprojektes, vor allem Herrn Hauptmann Gösta Albrecht. Herrn Stabsunteroffizier Stephan Gläser möchte ich meinen großen Dank aussprechen für die zeitaufwendigen Feinarbeiten bei der Bildbearbeitung. Mein herzlichster Dank geht an Erika Anner für die gelungene Homepagegestaltung und Hintergrundarbeit in Bezug auf meine Projekte.
Ferner möchte ich allen Soldaten der LLBrig 26 und 31 sowie den Luftlandezonenaufklärern danken, die mich während meiner Recherche stets respektvoll und freundlich aufgenommen haben und das Projekt mit ihrem Fachwissen enorm unterstützten.
Zum Schluss möchte ich meinen Freunden danken, durch deren Gespräche und Rat ich die notwendige Bodenhaftung in der Zivilisation nicht verliere und die mich immer wieder bestärken auf meinem militärjournalistischen Weg: Danke Sabine, Sonja, Stephan, Petra, Regine, Robert, Björn, Ingrid.

Christin-Désirée Rudolph

Die Autorin bei einem Flug in der Bell UH 1-D.

Die Spezialisten

Sören Sünkler
Die Spezialverbände der Bundeswehr
Umwälzende Veränderungen in der Sicherheitspolitik und eine Neuorientierung der Bundeswehr ließen spezialisierte Einsatzkräfte und Sonderverbände entstehen. Von ihnen handelt dieses Buch. Es berichtet von den besonderen Befähigungen der Soldaten, ihrer Ausbildung, ihrer hochwertigen Ausrüstung und über ihre Einsätze.
200 Seiten, 268 Bilder, davon 266 in Farbe
Bestell-Nr. 02592 **€ 29,90**

Christin-Désirée Rudolph
Eyes on Target
Dieser Titel widmet sich speziell den modernen Fernspähern der Bundeswehr: Zu Beginn steht ein kurzer Abriss der Geschichte dieser Elitegattung bis zu aktuellen Entwicklungen. Besonders betrachtet werden die Zugangsvoraussetzungen, die Ausbildung, die Aufgaben und die verschiedenen Möglichkeiten, ins feindliche Zielgebiet zu gelangen und unversehrt wieder an den Ausgangsort zurückzukehren. Dieses Buch ist das erste zum Thema und in dieser Form einmalig.
192 Seiten, 254 Bilder, davon 232 in Farbe
Bestell-Nr. 02852 **€ 24,90**

Mark Spicer
Scharfschützen
Weltweit werden Scharfschützen bei Polizei und Militär auf ihren Einsatz vorbereitet. Der Autor untersucht die Unterschiede in Ausbildung und Ausrüstung und geht auf nationale Besonderheiten ein. Die ausgefeilte Technik, die Tarnung und das Agieren aus dem Verborgenen heraus beschreibt er ebenso wie die Schusstechniken.
192 Seiten, 242 Bilder, davon 238 in Farbe, 28 Zeichnungen
Bestell-Nr. 30586 **€ 29,90**

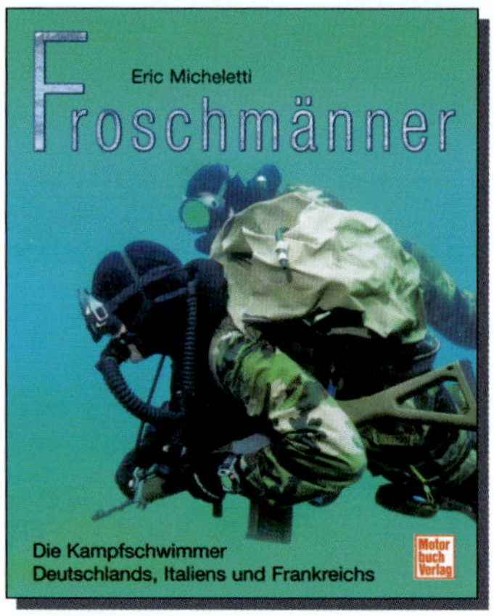

Eric Micheletti
Froschmänner
Kampfschwimmer haben eines gemeinsam: Sie sind durch einen rigorosen Ausleseprozess gegangen und stellen eine handverlesene Elite dar. Körperliche Härte wird ihnen heute ebenso wie noch im 2. Weltkrieg abverlangt. Dieses gründlich recherchierte und üppig illustrierte Werk stellt die geschichtliche Entwicklung von Kampfschwimmereinheiten bis zur Gegenwart dar.
208 Seiten, 456 Bilder, davon 319 in Farbe
Bestell-Nr. 02744 **€ 29,90**

Hugh McManners
Elite- und Spezialverbände weltweit
Von der römischen Prätorianer-Garde über die Elite-Einheiten im Ersten und Zweiten Weltkrieg bis zu den US Navy SEALs. Hier steht, wer sie sind, was sie tun, welche Taktiken sie nutzen und wie sie ihre Einsatzziele erreichen. Dieses Buch zeigt, wie hoch trainierte Elitesoldaten ihre gefährlichen Aufgaben meistern, die ihnen in Extremsituationen gestellt werden.
192 Seiten, 626 Bilder, davon 530 in Farbe
Bestell-Nr. 02529 **€ 24,90**

Stand Februar 2009 – Änderungen in Preis und Lieferfähigkeit vorbehalten

IHR VERLAG FÜR ZEITGESCHICHTE

Postfach 10 37 43 · 70032 Stuttgart
Tel. (07 11) 2108065 · Fax (07 11) 2108070
www.paul-pietsch-verlage.de

Motor buch Verlag